ChatGPT プログラミング 1年生

チャットジーピーティー

1年生

体験してわかる！
会話でまなべる！

森 巧尚 著

Python・アプリ開発で活用するしくみ
バイソン

(^o^)

SE
SHOEISHA

本書内容に関するお問い合わせについて

このたびは翔泳社の書籍をお買い上げいただき、誠にありがとうございます。

弊社では、読者の皆様からのお問い合わせに適切に対応させていただくため、以下のガイドラインへのご協力をお願いいたしております。

下記項目をお読みいただき、手順に従ってお問い合わせください。

ご質問される前に

弊社 Web サイトの「正誤表」をご参照ください。これまでに判明した正誤や追加情報を掲載しています。

正誤表 https://www.shoeisha.co.jp/book/errata/

ご質問方法

弊社 Web サイトの「書籍に関するお問い合わせ」をご利用ください。

書籍に関するお問い合わせ https://www.shoeisha.co.jp/book/qa/

インターネットをご利用でない場合は、FAX または郵便にて、下記翔泳社 愛読者サービスセンターまでお問い合わせください。電話でのご質問は、お受けしておりません。

回答について

回答は、ご質問いただいた手段によってご返事申し上げます。ご質問の内容によっては、回答に数日ないしはそれ以上の期間を要する場合があります。

ご質問に際してのご注意

本書の対象を超えるもの、記述個所を特定されないもの、また読者固有の環境に起因するご質問等にはお答えできませんので、あらかじめご了承ください。

郵便物送付先および FAX 番号

送付先住所 〒 160-0006　東京都新宿区舟町 5

FAX 番号 03-5362-3818

宛先 ㈱翔泳社 愛読者サービスセンター

はじめに

　なぜ、ChatGPTは自然な会話ができるのでしょうか？　ChatGPTをプログラミングに使うと、どんな便利なことがあるのでしょうか？

この本では、

　　1. ChatGPTは、どうして自然な会話ができるのか？

　　2. そのしくみから考えると、どのように使うのが効果的か？

　　3. プログラミングするときに、どのように利用できるのか？

　　4. 自分のプログラムの中にChatGPTの機能を入れる方法は？

といった疑問について、ChatGPTの「しくみ」と「使い方」をやさしく解説していきます。

　解説するのは『Python1年生』シリーズの、ヤギ博士とフタバちゃん。どうやらフタバちゃんがChatGPTに興味を持ったようです。ヤギ博士もChatGPTに興味を持っていて、プログラミングで利用できる便利な方法を考えています。フタバちゃんとヤギ博士と一緒にChatGPTを楽しく学んでいきましょう。

　そもそも、ChatGPTは、どうして自然な会話ができるのでしょうか？　なんとなく、大量なデータを学習してかしこくなっているのはわかりますが、学習したデータからどのようにして自然な会話を生み出しているのでしょうか？　言語を理解するメカニズムと応答を生成するプロセスをイラストと例え話を使って学んでいきましょう。「ChatGPTの動くしくみ」がわかれば、何が得意で、何が不得意かも見えてきます。そうすれば、ChatGPTの効果的な使い方が見えてきます。

　また、ChatGPTはプログラミングするときの助けとして使うことができます。しかも、プログラムを「読むとき」「作るとき」「修正するとき」など、いろいろな場面で使えます。どのようにChatGPTを使うかを見ていきましょう。

　さらに、ChatGPTは「プログラミングに疲れたとき」にも使えるのです。ChatGPTを愚痴の相手として使う方法です。ChatGPTは単なる技術アシスタントではなく、プログラマーのメンタルサポートとしても使えるのです。これは、日常生活にも使えますよ。

　そして、自分のプログラムの中にChatGPT機能を入れる方法も具体的に体験していきます。OpenAIのAPIの利用方法や、アプリの書き方などを解説し、ChatGPTを使ったいろいろなアプリをたくさん作っていきます。楽しみながら利用方法を学びましょう。

　この本を通じて、多彩なChatGPTの世界へ踏み出し、そのしくみと魅力を感じていただければ幸いです。それでは、一緒にChatGPTの世界を体験していきましょう。

2024年1月吉日

森 巧尚

もくじ

第1章 ChatGPTってなに？

第2章 ChatGPTの使い方

第5章　Pythonで翻訳アプリを作ろう

第6章　Pythonで便利なアプリを作ろう

本書の対象読者とChatGPTプログラミング1年生シリーズについて

本書の対象読者

　本書はChatGPTを利用したプログラミングの初心者や、これからChatGPTを利用したアプリ開発をまなびたい方に向けた入門書です。会話形式で、ChatGPTを利用したプログラミングやアプリ開発のしくみを理解できます。初めての方でも安心してChatGPTプログラミングの世界に飛び込むことができます。

・**Pythonの基本をまなんだ方（『Python1年生』を読み終えた方）**
・**ChatGPTを利用したプログラミングの初心者**

ChatGPT プログラミング 1 年生シリーズについて

　ChatGPTプログラミング1年生シリーズは、ChatGPTを利用したプログラミングやアプリ開発初心者の方に向けて、「最初に触れてもらう」「体験してもらう」ことをコンセプトにした超入門書です。超初心者の方でも学習しやすいよう、次の3つのポイントを中心に解説しています。

ポイント❶ **基礎知識がわかる**

　章の冒頭には漫画やイラストを入れて各章でまなぶことに触れています。冒頭以降は、イラストを織り交ぜつつ、基礎知識について説明しています。

ポイント❷ **プログラムのしくみがわかる**

　必要最低限の文法をピックアップして解説しています。途中で学習がつまずかないよう、会話を主体にして、わかりやすく解説しています。

ポイント❸ **開発体験ができる**

　初めてChatGPTを利用したプログラミングやアプリ開発をまなぶ方に向けて、楽しく学習できるよう工夫したサンプルを用意しています。

ヤギ博士

フタバちゃん

本書の読み方

　本書は、初めての方でも安心してChatGPTプログラミングの世界に飛び込んで、つまずくことなく学習できるよう、ざまざまな工夫をしています。

ヤギ博士とフタバちゃんの
ほのぼの漫画で章の概要を説明
各章でなにをまなぶのかを漫画で説明します。

この章で具体的にまなぶことが、
一目でわかる
該当する章でまなぶことを、イラストでわかりやすく紹介します。

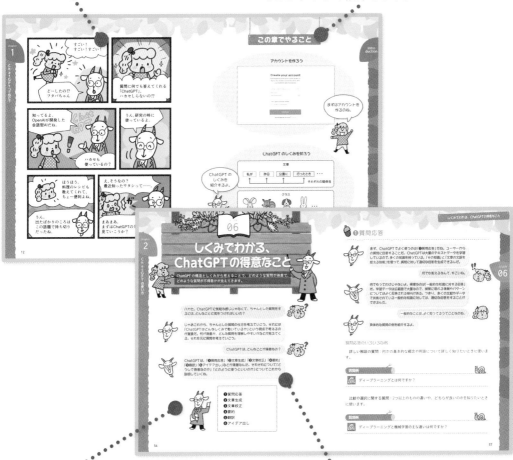

イラストで説明
難しい言いまわしや説明をせずに、イラストを多く利用して、丁寧に解説します。

会話形式で解説
ヤギ博士とフタバちゃんの会話を主体にして、概要やサンプルについて楽しく解説します。

サンプルファイルと会員特典データのダウンロードについて

付属データのご案内

付属データ（本書記載のサンプルコード）は、以下のサイトからダウンロードできます。

- **付属データのダウンロードサイト**
  URL https://www.shoeisha.co.jp/book/download/9784798183862

注意

付属データに関する権利は著者および株式会社翔泳社が所有しています。許可なく配布したり、Webサイトに転載したりすることはできません。付属データの提供は予告なく終了することがあります。あらかじめご了承ください。

会員特典データのご案内

会員特典データは、以下のサイトからダウンロードして入手いただけます。

- **会員特典データのダウンロードサイト**
  URL https://www.shoeisha.co.jp/book/present/9784798183862

注意

会員特典データをダウンロードするには、SHOEISHA iD（翔泳社が運営する無料の会員制度）への会員登録が必要です。詳しくは、Webサイトをご覧ください。

会員特典データに関する権利は著者および株式会社翔泳社が所有しています。許可なく配布したり、Webサイトに転載したりすることはできません。

会員特典データの提供は予告なく終了することがあります。あらかじめご了承ください。

免責事項

付属データおよび会員特典データの記載内容は、2024年1月現在の法令等に基づいています。

付属データおよび会員特典データに記載されたURL等は予告なく変更される場合があります。

付属データおよび会員特典データの提供にあたっては正確な記述につとめましたが、著者や出版社などのいずれも、その内容に対してなんらかの保証をするものではなく、内容やサンプルに基づくいかなる運用結果に関してもいっさいの責任を負いません。

付属データおよび会員特典データに記載されている会社名、製品名はそれぞれ各社の商標および登録商標です。

著作権等について

付属データおよび会員特典データの著作権は、著者および株式会社翔泳社が所有しています。個人で使用する以外に利用することはできません。許可なくネットワークを通じて配布を行うこともできません。個人的に使用する場合は、ソースコードの改変や流用は自由です。商用利用に関しては、株式会社翔泳社へご一報ください。

2024年1月
株式会社翔泳社　編集部

 本書のサンプルのテスト環境

本書のサンプルは以下の環境で、問題なく動作することを確認しています。

OS:Windows 11	**macOS Ventura （13.5.x）**
ChatGPT：GPT-3.5（2023年12月時点）	ChatGPT：GPT-3.5（2023年12月時点）
ChatGPT Plus：GPT-3.5/GPT-4.0（2023年12月時点）	ChatGPT Plus：GPT-3.5/GPT-4.0（2023年12月時点）
Python 3.12.0	Python 3.12.0
openai：1.1.1	openai：1.1.1
PySimpleGUI：4.60.5	PySimpleGUI：4.60.5
Visual Studio Code：1.83.1	Visual Studio Code：1.83.1

第1章
ChatGPTってなに？

すごい！
すごい！すごい！

どーしたの！？
フタバちゃん

質問に何でも答えてくれる
「ChatGPT」。
ハカセしらないの！？

知ってるよ。
OpenAIが開発した
会話型AIだね。

ハカセも
使っているの？

うん。研究の時に
使っているよ。

ほうほう。
料理のレシピも
教えてくれて、
ちょー便利よね。

うん。
出たばかりのころは
この話題で持ち切り
だったね。

え、そうなの？
最近知ったワタシって……。

まあまあ。
まずはChatGPTのしくみを
見ていこうか？

はーい。

この章でやること

アカウントを作ろう

Create your account

Note that phone verification may be required for
signup. Your number will only be used to verify
your identity for security purposes.

Edit

Password

Your password must contain:
✓ At least 8 characters

Continue

Already have an account? Log in

まずはアカウントを
作るのね。

ChatGPT のしくみを知ろう

ChatGPT の
しくみを
紹介するよ。

文章

| 私が | 昨日 | 公園に | 行ったとき | ・・・ |

それぞれの関係性

クラス

・・・

それぞれの関係性

LESSON

01

ChatGPTってなに？

最近話題の **ChatGPT** は、どういうものなのでしょうか？　これから、ヤギ博士とフタバちゃんと一緒に学んでいきましょう。

ねえねえハカセ。ChatGPTって知ってる？

こんにちは、フタバちゃん。どうしたのかな。

この前、ChatGPTが質問に答えてるのを見たんだけど、ほんとに会話をしてるの。面白いよね〜。わたしも、うまく質問する方法を知りたいんだ〜。

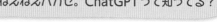

ChatGPT

DALL·E

Explore

ChatGPTを使うとどんなメリットがありますか？

ChatGPTを使うと、幅広いトピックについて迅速に情報を取得でき、学習や調査の助けとして利用することができます。

例えば、どんな学習や調査の助けになりますか？

例えば、歴史の事実の確認、数学の問題の解説、科学の基本原理の理解、言語学習時の文法や語彙のチェック、文献の参考情報提供など、様々なトピックでの学習や調査をサポートします。

Regenerate

Send a message

ChatGPT may produce inaccurate information about people, places, or facts. ChatGPT August 3 Version

?

ほほう、ChatGPTに興味を持ったんだね。面白いツールだよね。OpenAIによって開発された人工知能で、自然言語処理に特化しているんだ。

自然言語処理？

自然言語処理とは、普段私たちが使っている言語を、コンピュータが理解したり、生成したりする技術のことだよ。ChatGPTはその技術を使って、人との会話ができるようになっているんだ。

ほんとにちゃんとおしゃべりしてくれるのって不思議よね。

質問に答えてくれたり、翻訳してくれたり、文章を作ってくれたり。コツさえわかれば、ほんとに便利なんだよ。

やっぱりコツがあるんだね。それ知りたいなー。

それだけじゃないよ。プログラミングの補助もしてくれるんだよ。

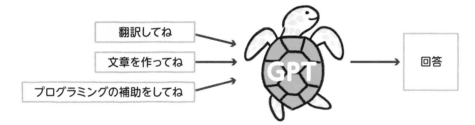

翻訳してね

文章を作ってね

プログラミングの補助をしてね

GPT

回答

プログラミングの補助って、どういうこと？

ChatGPTは、プログラミングととても相性がいいんだよ。例えば、Pythonのプログラミングで困ったとき、ChatGPTに質問することで、ヒントやサンプルコードを教えてくれたり、プログラムの解説までしてくれる。アイデアをどう実現すればいいか、相談に乗ってくれたりもするんだ。

そうなの！　それはぜひとも手伝ってもらわなくっちゃ。

さらに、ChatGPTはAPIとしても提供されているので、自分のプログラムやアプリに組み込むこともできるんだ。

そんなことまでできちゃうの!?　ハカセ、今すぐ教えて!

そのためには、「ChatGPTのしくみを、理解すること」が重要だ。ざっくりとでもいいから、しくみがわかれば、ChatGPTの得意なことや苦手なこと、どうすれば効果的に使えるかなどが見えてくるよ。

なるほどなるほど〜!

じゃあ、ChatGPTの基本的な使い方から始めていくよ。

うん!　よろしくお願いしま〜す。

ChatGPTを使ってみよう

まずは、実際に **ChatGPT** を実際に使ってみましょう。その基本的な使い方を紹介します。

ChatGPTはブラウザさえあれば使えるから、パソコンでもスマートフォンでもタブレットでも使えるよ。

いつでも、どこでも使えるね。

ログインして使うから、アカウントが必要だ。まずは、アカウントの作成をしよう。

 ## アカウントを作成する

ChatGPTを使用するためには、アカウントの作成が必要です。以下の手順に従って、アカウントを作成しましょう。アカウントの登録には「メールアドレス」が必要になります。

① OpenAIの公式サイトにアクセスする

OpenAIのChatGPTの公式サイト（https://chat.openai.com/auth/login）にアクセスしましょう。
❶［Sign up］をクリックします。

②メールアドレスを入力する

［Sign Up］をクリックすると、「Create your account」というページが表示されます。❶「メールアドレス」を入力し❷［Continue］をクリックします。

③ パスワードを入力する

さらに❶「パスワード」（8文字以上）を入力し、❷［Continue］をクリックします。

④ 送られてきたメールを確認する

OpenAIから、確認メールが送られてくるので、内容を確認し、❶［Verify email address］をクリックします。

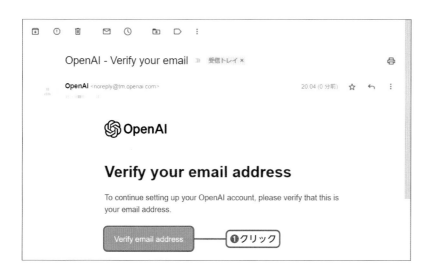

⑤ アカウント名などを入力する

「Tell us about you」のページで、❶「First name（名前）」「Last name（名字）」「Birthday（誕生日）」を入力し、❷［Continue］をクリックします。

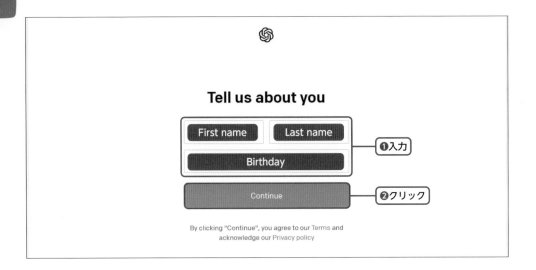

⑥ 「ChatGPT Tips for getting started」のウィンドウを確認する

「ChatGPT Tips for getting started」のウィンドウが開くので、❶［Okay, let's go］をクリックします。

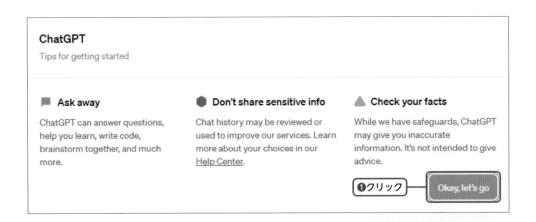

⑦ ChatGPTの画面が開く

ChatGPTの画面が開きます。

完了〜！

 最初の会話

アカウントができたら、ログインして使ってみよう。

いよいよ、使えるのね。

ChatGPTとの会話は、以下の手順で行います（ログインするところから説明します）。

① ChatGPTのサイトを表示する

ChatGPTのサイト（https://chat.openai.com/auth/login）にアクセスし、❶［Log in］をクリックします。

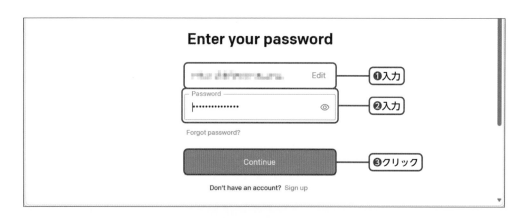

② ログインする

ログイン画面で❶「メールアドレス」と❷「パスワード」を入力し、❸ [Continue] をクリックします。

③ チャットボックスに質問や指示を入力する

ログインすると、ChatGPTの画面が表示されます。下の「Message ChatGPT...」と表示されている入力欄がチャットボックスです。ここに質問や指示を入力して、 Enter キーを押すか、右の上向き矢印のボタンをクリックすると開始します。

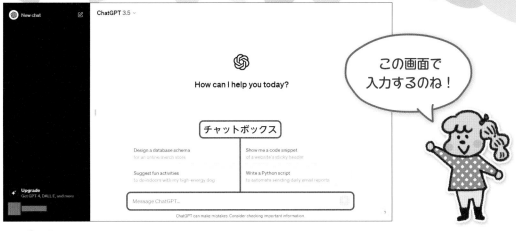

この画面で
入力するのね！

 チャットボックスに何か入力してみよう。

じゃあ、「あなたは、何ができますか？」って聞いてみるね。

会話例

こんにちは。あなたは、何ができますか？

こんにちは！　私は、質問に答えたり、情報を提供したり、文章を生成したりすることができます。どんなテーマでもお話しできるので、何か質問や相談があれば、お気軽にどうぞ！

やった〜。お話ししてくれたよ！

 ## 無料版と有料版

 ChatGPTは、基本的に無料で利用できるよ。でも、ChatGPT Plus
という有料版を使えば、もっと会話性能が上がったバージョンや便利
なサービスを利用できる。以下にプランの違いをまとめてみたよ。

いっぱい使うようになったら有料版にするかもだけど、とりあえずは、無料版で楽しめそうだね。

項目	ChatGPT	ChatGPT Plus
使用料金	無料	月額20ドル（1ドル150円なら、3,000円）
使えるGPT	GPT-3.5	GPT-3.5、GPT-4
応答速度	一般的	高速
browsing	利用できない	利用できる
analysis	利用できない	利用できる
DALL-E	利用できない	利用できる

（2024年3月現在）

※ここからは、有料版のChatGPT Plusの利用方法についての解説をしていきます。必要ない場合は、LESSON 03「どんなしくみ」で動いているにお進みください。

ChatGPT Plusの利用方法

ChatGPT Plusへのアップグレードは以下の手順で行います。

① ChatGPT左下の［Upgrade］をクリックする

ChatGPTのサイト（https://chat.openai.com/auth/login）にアクセスし、左下のメニューから❶［Upgrade］をクリックします。

ここからアップグレードの手続きをするのね！

② ［Upgrade to Plus］をクリックする

表示された画面で、❶［Upgrade to Plus］をクリックします。

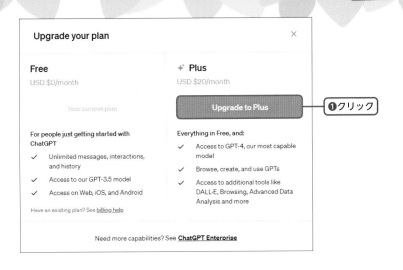

③ クレジットカード情報を入力する

❶メールアドレスや、クレジットカード番号などを入力し、❷［申し込む］をクリックします。
決済が通れば、申し込み完了です。

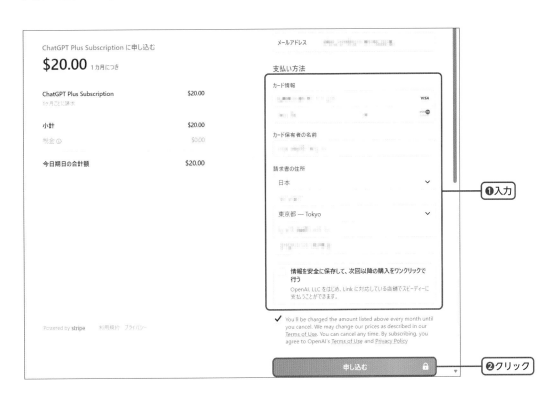

❸ ［Continue］をクリックすると、ChatGPTの画面に戻ります。

ChatGPT Plusでは応答速度が速くなり、GPT-4が使えたり、PlugInsなどの便利な機能が利用できます。

ChatGPT Plusでは、GPT-4を選択するだけで、「DALL-E」「browsing」「analysis」などの便利な機能が利用できます。「DALL-E」は、文章から画像を生成することが、「browsing」は、インターネットの情報を検索することが、「analysis」は、Pythonプログラムを実行して計算や分析を行うことができます。また、これらの機能は入力された質問によって自動的に実行されるので、特に指定する必要はありません。チャットボックスにある「クリップ」ボタンをクリックすると、データファイルや画像ファイルを渡して分析してもらうこともできます。

browsing（ブラウジング）

browsingは、「ChatGPTがインターネット上の情報を検索して、取得できる機能」です。ウェブ検索を行うことで、最新のニュース、研究論文、製品レビュー、天気予報など、幅広い情報をリアルタイムで提供することができます。

ChatGPTは例えるなら、「もの知りな部下」です。ChatGPTはあなたの質問に「これまでに学習した知識」でいろいろ回答してくれますが、学習していないことは知りません。ですが、browsingは、「そのもの知りな部下が、インターネットにアクセスできるスマートフォンを持っている状態」なのです。あなたの質問から、最近の世界の動向や情報が必要だと判断したとき、インターネットからを答えを見つけ出してくれます。

analysis（アナリシス）

　analysisは、「ChatGPT上でPythonのプログラムを実行できるしくみ」です。Pythonプログラムを実行することで、データファイルを分析したり、グラフを表示することができます。

　ChatGPTは例えるなら、「もの知りな部下」です。あなたの話を聞いていろいろな回答を用意してくれますが、数値計算などが苦手で間違った回答をすることがあります。ところが、analysisは、「そのもの知りな部下が、Pythonを実行できるパソコンを持っている状態」なのです。数値計算などが必要なとき、プログラムを走らせて、答えを出すことができるのです。

データ分析の例

　analysisに、データ分析を手伝ってもらうことができます。例えば、以下のような表データがあるとします。これを、「test.csv」というCSVファイルに書き出して調べてみましょう。

test.csv

Name	Japanese	Mathematics	English	Student ID
A	83	89	76	A001
B	66	93	75	B001
C	100	84	96	B002
D	60	73	40	A002
E	92	62	84	C001
F	96	92	94	C002

CSV ファイル

```
Name,Japanese,Mathematics,English,Student ID
A,83,89,76,A001
B,66,93,75,B001
C,100,84,96,B002
D,60,73,40,A002
E,92,62,84,C001
F,96,92,94,C002
```

まず、チャットボックスにある「クリップ」ボタンをクリックすると「test.csv」をアップロードすることができます。そして、以下のように質問してみます。

 「クリップ」ボタン

会話例

 このデータからわかることを教えてください。

 まず、アップロードされたファイルの中身を確認しましょう。最初の数行を表示して、データの概要を取得します。

<作業完了>

データの概要は以下の通りです:

・Name: 生徒の名前
・Japanese: 日本語の得点
・Mathematics: 数学の得点
・English: 英語の得点
・Student ID: 生徒のID

この情報を基に、以下のような分析が考えられます:

1. 各科目の平均得点や最高得点、最低得点などの基本的な統計情報
2. 各科目の得点分布やヒストグラム
3. 生徒ごとの総得点や平均得点
4. 科目間の得点の関連性や相関

これらの分析の中から、何か特定の情報や分析を希望されますか?

すると、ChatGPTがいろいろなデータ分析の提案をしてくれます。そこで、得点分布やヒストグラムを分析するように、質問を続けます。

※ ChatGPT の出力結果は一例です。ChatGPT の出力は生成するたびに変わります。

会話例

 各科目の得点分布やヒストグラムを教えて。

 各科目の得点分布のヒストグラムを表示しました。

<作業完了>

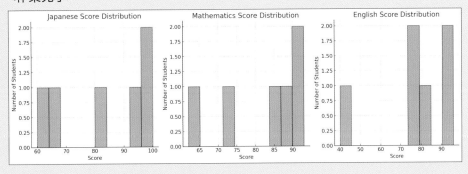

- **日本語**：得点は全体的に広がっており、特に80点前後に多くの生徒が分布しているようです。
- **数学**：得点は60点から90点の範囲で広がっており、特定の得点帯に集中する傾向は見られません。
- **英語**：得点は40点から100点の範囲に分布していますが、高得点帯と低得点帯の両方に生徒が分布しているようです。
  これらのヒストグラムから、各科目の得点分布や難易度、生徒の得意・不得意などの傾向を推測することができます。

このように、データ分析の提案から、実際の分析まで行ってくれるのです。

連立方程式の例

ChatGPTは計算が苦手なので、具体的な数値計算を間違えることがあるのですが、analysisでは、Pythonのプログラムを実行して計算を行うので正しい答えを出すことができます。例として、つるかめ算をさせてみましょう。

会話例

 鶴と亀が合わせて100匹います。足の数の合計が274本のとき、鶴と亀はそれぞれ何匹でしょう？

問題を方程式で表すと、以下のようになります。

鶴の数を x 、亀の数を y とすると、

1. x + y = 100 （鶴と亀の数の合計）
2. 2x + 4y = 274 （足の数の合計）

この連立方程式を解くと、鶴と亀の数が求まります。

```python
from sympy import symbols, Eq, solve

# 鶴の数を x, 亀の数を y とする
x, y = symbols('x y')

# 方程式を定義
equation1 = Eq(x + y, 100)
equation2 = Eq(2*x + 4*y, 274)

# 連立方程式を解く
solution = solve((equation1, equation2), (x, y))
solution
```

```
結果
{x: 63, y: 37}
```

鶴は63匹、亀は37匹です。

　この例では、ChatGPTがPythonの「sympy（連立方程式を解くライブラリ）」を使って答えを出したようです。

機械学習の例

　analysisは、ライブラリも使えるので、機械学習のライブラリも使えます。あまり大量のデータを学習させるのは難しいかもしれませんが、以下のような簡単な数字の画像を学習させてみましょう。ただし、かなり簡略化したなんちゃって機械学習です。

まず、チャットボックスにある「クリップ」ボタンをクリックして「0〜9までの数字の画像」をアップロードして、以下のように質問します。「機械学習してください」というだけで、機械学習で必要な画像の読み込み、前処理、学習などをいろいろ行って、準備ができた状態まで自動で進むのです（なお2024年1月の時点では、以下の簡単な質問だけで動いてくれたのですが、その後はエラーが出るようになってしまいました。正しい機械学習を行うためには、画像サイズをそろえたり、もう少し詳しく根気よく指示したりする必要があるようです）。

会話例

 これらは数字の画像です。0.pngは「0」というように、ファイル名がその数字を表しています。SVMで機械学習してください。

 了解しました。まず、アップロードされた画像を表示して、内容を確認します。

まず、画像の前処理を行いましょう。
＜省略＞
それでは、SVMでの学習を行います。
＜省略＞
このモデルを使用して、他の数字の画像を分類したい場合は、その画像をアップロードしていただければ、分類を行うことができます。

すでに学習済みになっているので、問題を出して答えさせてみます。「＋」ボタンで「2.png」画像を読み込ませて、質問してみましょう。

ではこの数字はなんですか？

 アップロードされた画像を前処理し、先ほど学習したSVMモデルを使用して分類を行います。アップロードされた画像は「2」として分類されました。

すると、「この画像は数字の2だ」と答えました。ただし、学習データ量が少ないので違う画像ではうまく判断できなかったりしますが、このようなことまでできるのですね。

DALL-E （ダリ）

DALL-Eは、「文章を入力するだけで画像の生成」ができます。日本語に対応していて、商用利用が可能で、イラストやデザインの制作、マーケティングなどいろいろな用途に活用できます。最大の特徴は、実際のプロンプトを書かなくてもよいところです。他の画像生成AIは、絵を描くための指示を長いプロンプトで書く必要がありますが、これは、ChatGPTが言語能力が高いため、日本語の文章で指示するだけで、そこから適切なプロンプトを生成することができるのです。

例えば、「ヤギ博士とトイプードルの絵」を描くように指示してみましょう。すると画像を生成してくれます。

 ヤギ博士がトイプードルの生徒を教えているプログラミングスクールのイラストを描いて。

もう少し絵をシンプルにしたいと思ったとします。このようなとき、「さらに指示を追加する」だけで修正することができるのです。つまり、ChatGPTのように、会話をしながら絵を作っていくことができるのです。

LESSON
02

会話例

 2枚目の画像をもっとほのぼのしたシンプルなイラストに変更してください。

また、画像をクリックすると右側に「入力した文章から生成されたプロンプト」が表示されます。このときは以下のプロンプトでした。簡単な日本語の指示から、このように長いプロンプトを自動生成してくれているのですね。

生成されたプロンプト

「Illustration of a heartwarming scene where a simple-styled ↵
goat with a gentle smile is teaching a toy poodle student. ↵
The toy poodle looks up with innocent eyes, eager to learn. ↵
The background is minimalist, with soft pastel shades and ↵
only essential classroom elements like a small desk and a ↵
basic whiteboard.」

LESSON

03

「どんなしくみ」で 動いている？

なぜ、ChatGPT は自然な会話ができるのでしょうか？　ChatGPT のしくみの考え方と、その技術について解説します。

🌰 ChatGPTってなに？

それでは、「ChatGPTがどんなしくみで動いているのか」を解説していくよ。

ハカセ。そもそも「ChatGPT」っていう名前は、どういう意味なの？

ChatGPTの「GPT」は、「Generative Pre-trained Transformer（ジェネレーティブ・プレトレイン・トランスフォーマー）」の略だよ。

なにそれ？

「大量のテキストデータを事前に学習していて、文章を自動生成する人工知能モデル」という意味だよ。あらかじめ大量のデータを学習していて、これを「事前学習済み（Pre-trained）」というんだけど、これを元に文章を自動生成（Generative）できるんだ。そして、これを行っているのがディープラーニングの一種の「Transformer（トランスフォーマー）」だ。これを略して「GPT」なんだ。

じゃあ、最初の「Chat（チャット）」は？

GPTは人工知能モデルなので、そのままでは一般の人には使いにくい。そこで、チャットで会話するようにGPTを手軽に扱えるようなインターフェースをつけたんだ。だから、ChatGPTと呼ぶんだよ。

LESSON
03

Chat	GPT

チャットで会話するように扱える

Generative（自動生成する）
Pre-trained（事前に学習済み）
Transformer（ディープラーニングの一種）

ChatGPTって、ディープラーニングだったんだね。でも何かの本で「ChatGPTは、大規模言語モデルだ」とかって、書いてあったよ。いろいろあってややこしいよね。

「大規模言語モデル（LLM）」もディープラーニングだよ。その中でも、大量のテキストデータから言語のパターンを学習した、大規模なディープラーニングモデルのことをいうんだ。

すごい学習をしたディープラーニングなのね。

そして、GPTモデルは、「Transformer」というとても優れた構造（アーキテクチャ）でできているんだけど、その秘密が「セルフアテンション（セルフアテンションメカニズム）」という方法で、これがすごいんだ。文章中のすべての単語が他の単語と「どう関わっているのか、どのくらい重要か」を理解し、全体として文章の内容を理解したり、自然な文章を生成したりすることができるんだよ。

セルフアテンションが重要

ハカセ。こんなに自然な感じで質問に答える人工知能って、ChatGPTが出てから急に流行り始めたと思うんだけど、ChatGPTってどうしてそんなにすごいことができるようになったの？

セルフアテンションがすごかったんだ。これは「情報の中で重要な部分に注目する」というメカニズムなんだけれど、これがすごい性能を発揮したんだよ。

どういうこと？

この処理は、私たちが自然に会話をするときと似たような処理を行っていたんだ。私たちは自然な話をするとき、情報のすべてに対して同じように考えているわけではない。重要だと思う一部のキーワードやフレーズに「注目」して理解していく。セルフアテンションも、文章の中の重要な部分に「注目」することで、理解を深めているんだ。

ふ〜ん。なんとなくわかるけど、どういうこと？

例えば、誰かが「今、すごく冷えてるよ」といったとき、これだけではなにが冷えているのかあいまいだよね。でも、その直前に「アイスクリームを買ってきたよ」という話をしていたら、「アイスクリームが冷えている」と解釈するのが自然だよね。逆に、「外の気温はどうかな？」という質問したあとだったら、「外の気温が低い」と解釈するのが自然だ。

会話って、それが何の話なのかが、わかってないとだめだよね。

質問のその部分だけを見ていても正しく理解できない場合があるよね。「その質問は、会話全体のどれと関係しているのか」に注目しながら、答えることが重要だ。セルフアテンションでは、会話全体から、どのキーワード（この場合、「アイスクリーム」や「外の気温」）に注目すればいいかを、見つけることができるんだよ。その結果、人間が行うような文脈に基づく解釈を人工知能も行うことができ、より自然な話ができるんだよ。

今、すごく
冷えてるよ！

アイスクリームの
話かな？

 # RNNとの違い

セルフアテンションって、かしこいのね〜。でも、それ以前の人工知能
はそうじゃなかったの？

それ以前の自然言語処理技術では主に、「RNN（再帰型ニューラルネッ
トワーク）」が使われていた。文章を先頭から順番に少しずつ読んで
いく方式だ。これはこれでそれ以前の人工知能から比べるとすごかっ
たんだけど、文章が長くなると、過去の情報の伝達がうまくいかなくな
るという問題が起こった。

どんなこと？

例えば、「私が昨日公園に行ったとき、かわいい犬がいて、追いかけて
いたら大きな木にぶつかった。」というちょっと長めの文章で考えて
みよう。

私が昨日公園に行った
とき、かわいい犬がいて、
追いかけていたら大きな
木にぶつかった。

おっちょこちょいね〜。でも、かわいい犬だったらしかたがないかな。

 RNNでは、これを「私が」「昨日」「公園で」と、先頭から1つずつ順番に処理していくんだ。しかし、話が進むにつれて、情報がだんだん薄れていき、最後の「ぶつかった」を処理する頃には、最初の「私が」という情報は薄れてしまい、「ぶつかったのがなにか」がわからなくなったりしていたんだよ。

 あまり、長い話をされると最初のことを忘れちゃうのね。

 ところが、セルフアテンションは違う方法を行うことで、改善できたんだ。セルフアテンションでは、まずすべての単語について調べるというところから始める。まず、「各単語と他の単語との関係性」を調査しておくんだ。そのあと、知りたい単語を元に関係性を調べれば、位置が離れていても関係性が高い単語を見つけることができるというわけだ。

 文章にざっと目を通しておいてから、ちゃんと考えていく、みたいなことね。

 そのおかげで、最後の「ぶつかった」と最初の「私」と関係が近いと理解することができる。この調査は「私が」と他の単語との関係性だけでなく、文章中のすべての単語に対して行う。つまり、文章全体の関係性を捉えることができるようになったんだ。セルフアテンションは、このしくみを使って「文章内の情報に注目して、文脈や文章の流れを理解できるメカニズム」なんだよ。

 ## 「質問（Query）、キー（Key）、答え（Value）」で関連性を調べる

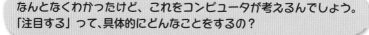

 なんとなくわかったけど、これをコンピュータが考えるんでしょう。「注目する」って、具体的にどんなことをするの？

 Transformerのしくみは図解すると、次のようになっている。左下のInputに入力すると、右上のOutputに回答が出てくるんだ。GPTはさらにこの右のデコーダー（Decoder）部分だけを取り出して改良されたものなんだよ。

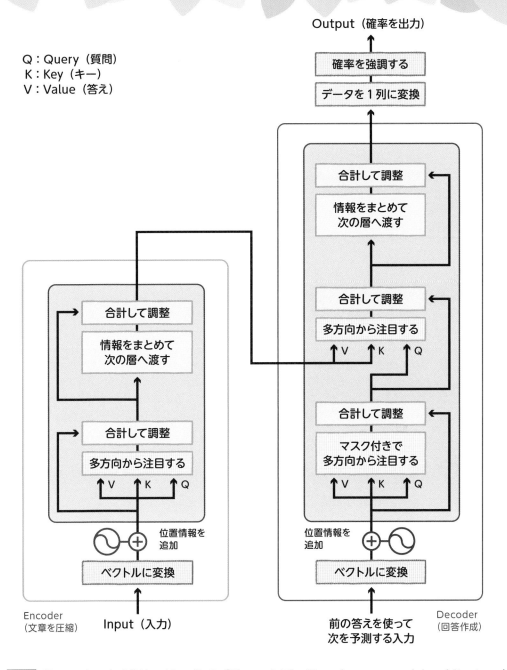

Q：Query（質問）
K：Key（キー）
V：Value（答え）

Output（確率を出力）

確率を強調する

データを1列に変換

合計して調整

情報をまとめて
次の層へ渡す

合計して調整

多方向から注目する

↑V　↑K　↑Q

合計して調整

マスク付きで
多方向から注目する

↑V　↑K　↑Q

位置情報を
追加

ベクトルに変換

前の答えを使って
次を予測する入力

Decoder
（回答作成）

合計して調整

情報をまとめて
次の層へ渡す

合計して調整

多方向から注目する

↑V　↑K　↑Q

位置情報を
追加

ベクトルに変換

Encoder
（文章を圧縮）

Input（入力）

出典 「Attention Is All You Need」の「Figure 1: The Transformer - model architecture.」
を参考にして作成した図です。
URL https://arxiv.org/abs/1706.03762

やや、ややこしいよ〜!

じゃあ、このセルフアテンションについて、もっと簡単に説明するね。まず文章をトークンと呼ばれる単位に分割する。トークンとは単語みたいなもので、Transformerが処理しやすい単位のことだ。さらにこのトークンをコンピュータが処理しやすいベクトルという形に変換し、このベクトルを使って、各単語が他の単語とどれくらい関係しているかを計算するんだ。具体的にはこれを、「質問(Query)、キー(Key)、答え(Value)」という3つの視点に分けて考えるんだ。これらを使い、「文章中の各単語が、他の単語とどれだけ関連しているか」を計算するんだよ。

ハカセっ!! 簡単じゃないよ〜!

ごめんごめん。ちょっと難しかったかな。じゃあ、もっとわかりやすい例え話で説明しよう。「クラスの仲の良い友だち調査」という例だ。

あっ、それなら楽しそう。

「文章の中で、各単語が他の単語とどれだけ関連しているか」を「クラスの中で、各生徒が他の生徒とどれだけ仲がいいか」に置き換えて考えてみるんだ。「文章全体」を「クラス全体」に、「各単語」を「各生徒」に置き換えて考えるよ。

文章をクラスに置き換える

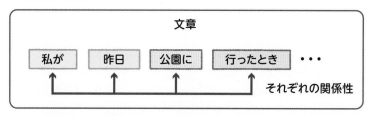

単語のひとつひとつが、各生徒ってわけね。

 ある生徒が、「このクラスで、私と一番仲がいいのは誰だろう？」と考えたとしよう。このときの生徒の疑問を「質問（Query）」とする。

これが「質問」ね。私は誰と仲がいいのか？

 次に、その生徒が「クラスメイト全員との関係性」を考えていく。例えば、「あの子とは、休み時間によく話すなあ」とか「あの子とは、よく宿題を一緒にするね」とか「あの子は、あまり話をしないかな」など、いろいろな関係性が考えられるよね。この質問に対する各生徒の関係の度合いが、「キー（Key）」ということだ。

関係がどのくらい近いかが「キー」なのね。

 さらに、その生徒が「クラスメイト全員との具体的な事実」を考えていく。例えば、「あの子とは、毎週2回は一緒に帰るよ」とか「あの子とは、お昼ごはんを毎日一緒に食べるよ」といった情報だ。そしてこの情報と「キー」を元に、実際に誰と一番仲がいいのかを判断したのが「答え（Value）」というわけだ。

一番仲のいい友だちを見つけたわけね。

 セルフアテンションも同じように動いているんだ。まず、文章（クラス）の中のある単語（生徒）を「質問（Query）」として、他の単語（クラスメイト）とどれだけ関係性があるかを「キー（Key）」として求め、それを元に最も関連性が高い単語（一番の友人）を「答え（Value）」として取り出すんだ。

なるほど。同じように関連性を調べるのね。

 そして今は、「ある一人の生徒が、誰と仲がいいか」だけを調べたけど、「クラス中の全員がそれぞれ、誰と仲がいいか」を調べることで、「クラス全体の雰囲気や状態を理解」することができる。

クラス全体の関係図ってわけね。

 セルフアテンションでも同じように、「文章中の各単語が、他の単語とどれだけ関連しているか」を調べることで、「文章全体の文脈や意味を理解」することができるというわけなんだ。

なるほど。文章全体の状態を理解しておけば、質問されたとき、どこに注目するのがいいかわかる、ってわけなのね。

このようにChatGPTは文章全体の状態を理解できる。だから、その文章の次に続く確率の高い言葉やフレーズを適切に選び出してつなげていき、それによって自然な文章を作り出すことができるというわけだ。

すごいね～。そうやって自然な文章を作り出してるんだ。でも、「作り出してる」ってことは、質問の答えを調べて出しているんじゃないってことよね。

その通り！ ChatGPTが答えを返すとき、ネットやデータベースから正確な答えを検索して返すということはしていない。その文章の次に続く確率の高い言葉をつなげて、自然な文章を生成している。だから、適切な答えが返されることもあれば、おかしな答えを返すこともある。これはChatGPTの基本的な性質だよ。

まとめ

ふ～。ちょっと難しかったね～。まだ頭が熱いよ。ハカセ、今の説明を簡単にまとめると、どうなるの？

まとめると、ChatGPTは「大量のデータで学習」しているから知識がたくさんあって、入力された質問を「セルフアテンションを使って、重要な言葉に注目して文脈を理解」している。そこから「次に来る確率の高い言葉をつないで文章を生成」することで、自然な会話を行っている。この3つのしくみで動いているんだ。

ちょっとだけChatGPTが近くなった気がするよ。

ChatGPTが自然な会話をするしくみ

1. 大量なデータで学習している。

2. セルフアテンションによって、重要な言葉に注目して文脈を理解する。

3. 次の確率が高い言葉をつないで文章を生成する。

第2章
ChatGPTの使い方

ChatGPTの
使い方を説明するよ！

どんな風に
つかうんだろ？

(^o^)

ChatGPTは
何でも答えてくれるけど、
いい答えをもらうのに
何かコツとかあるの？

会話の中で
質問を追加したりできるから、
いろいろな質問の仕方があるね。

得意なことも
あるのかな？

うん、おおまかに言えば、
①質問応答、
②文章生成、
③要約、
④翻訳、
⑤文章校正、
⑥アイデア出し
などが得意だね。

おー。
そんなにあるのね。

あとコミュニケーションの
取り方も重要だよ。

たとえば？

①あいまいさを明確にする、
②質問を分割する、
③質問の角度を変える、
④しないことではなく、
　することを指示する、

などかな。

ほー。

ほかにも
プロンプトエンジニアリング
という方法もある。

ほえー。

一緒に見ていこう！

らじゃ。

この章でやること

まずは気軽に質問

 ハワイアンピザの起源を教えて。

 ハワイアンピザはハワイ発祥のものではなく、1950年代後半にカナダのオンタリオ州のレストランで、オーナーのサム・パノポロスが作ったものです。ハムと缶詰のパイナップルをトッピングとして追加したこのピザは、ハムとパイナップルの組み合わせから「ハワイアンピザ」と名付けられました。

気軽に質問
してみよう！

ChatGPT の得意なことを知ろう

- 基礎知識の確認：一般的に知られている知識や方法やコツなどの確認に。
- アイデアのきっかけ探し：新しいアイデアや創造的な提案が欲しいときに、インスピレーションを得るための参考として。
- 外国語の練習：異なる言語のフレーズや文法を学ぶときの相談相手として。
- プログラミングのアドバイス：プログラムのエラー対処方法など、基本的なプログラミングのアドバイザーとして。
- エンターテインメント：ショートストーリーやジョーク、雑談を楽しむ相手として。

こんなことが
得意なのね！

プロンプトエンジニアリング

❶ 明確な指示
❷ 文脈（話の流れ）や背景（予備知識）
❸ 入力データ
❹ 出力形式

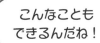
こんなことも
できるんだね！

まずは、気軽に質問！

思いついた質問は、まず気軽に ChatGPT に質問してみましょう。それも ChatGPT の使い方のひとつです。

 ## 気軽に質問する

しくみがわかったら、次はそのしくみを活かした「ChatGPT と会話をするコツ」を考えていこう。説明したように、ChatGPT はセルフアテンションというメカニズムを使っているので会話力が高い。だから、「気軽に質問」してもいいんだよ。

なんと、気軽に質問するのもよかったんだね。よかった〜。

例えば、こんな質問ができるよ。

質問例

 リンゴの栄養成分を教えて。

 ショコラムースのレシピを知ってる？

 インフルエンザと風邪の違いは？

 世界の有名な美術館を3つ教えて。

午後の眠気を乗り越える方法を教えて。

じゃあ、ちょっと質問してみようかな。

LESSON
04

会話例

 ハワイアンピザの起源を教えて。

 ハワイアンピザはハワイ発祥のものではなく、1950年代後半にカナダのオンタリオ州のレストランで、オーナーのサム・パノポロスが作ったものです。ハムと缶詰のパイナップルをトッピングとして追加したこのピザは、ハムとパイナップルの組み合わせから「ハワイアンピザ」と名付けられました。

な～んと！　そんなマメ知識も教えてくれるのね。

🌰 少し違う回答が欲しいときは、何度も聞き直す

 でも、質問に対して勘違いしたような変な回答をすることもあるよね。

あるある。

 そういうときは、まず回答の下にある[再生成]ボタンを押すといいよ。同じ質問に、違う回答を生成させることができるんだ。ただし、ChatGPTのUIの表記や位置などはときどき変わることがあるかもしれないから、そう思って使おう。常に進化し続けているサービスなんだよ。

   　[再生成]ボタン

再生成すると、答えが変わるの？

 ChatGPTは、次に続く言葉を確率的に予測していく。だから全く同じ質問をしても、異なる回答の可能性を見つけて生成するんだよ。いい答えが出なかったら、ガチャガチャを回すような感覚でまた質問すると、次はいい答えが出るかもしれないよ。

ガチャガチャを回す感じか〜。楽しそうね。

こんな感じね〜

「チャット」なので、「会話」で良い回答を目指す

 ちょっと違うだけの回答が欲しいときは、[再生成] ボタンで再び生成させることができる。でも、こちらの意図が伝わっていないようなときは、会話をさらに続けることが重要だ。

どういうこと？

 ChatGPTは、会話の流れを考慮して回答するから、会話のやりとりで追加情報を提供すると、より適切な回答を導くことができるんだ。

会話の内容を理解しているの？

 そうだよ。同じページ内の会話はつながった話として理解しているんだ。だから、最初に話したことも覚えている。会話をしたあとで、「これまでの会話で、私の最初の質問はなんでしたか？」と質問するとちゃんと答えてくれるよ。

 すっごーい。全部覚えているのね。でも、記憶がいいのはいいけど、ぜんぜん違う話をしたいときはどうしたらいいの？

 そのときは、画面左上の ☑ [New chat] ボタンを押すと、チャットの新しいページを作って会話がリセットされる。新しいページで、新しいテーマについて質問をくり返していけばいいんだ。

でもなんか、あんまりたくさん質問するのは、ちょっと申しわけないような気がするねー。

 心配いらないよ。会話が自然だからついつい人と話しているような錯覚をするけど、相手はコンピュータだから遠慮は無用だよ。無理な要求や細かい修正を何度いっても、嫌われたりしないから大丈夫。ChatGPTの目的は、ユーザーの質問に最も適切な回答を提供することだからね。

いっぱい質問してもいいんだね。

 例えば、こんな感じで会話をしてみよう。

会話例

 太陽系について教えて。

 太陽系は太陽を中心に、8つの惑星、その衛星、小惑星、彗星、そして太陽風からなる天体の集まりです。...（中略）... 最も外側の惑星は冥王星でしたが、2006年に国際天文学連合によって矮惑星（わいわくせい）に分類されました。

 じゃあ、冥王星についてもう少し詳しく教えて。

 冥王星は1930年に発見されました。...（中略）... 冥王星は矮惑星として分類されており、太陽系の公式な惑星とはみなされていません。

 冥王星が矮惑星に分類された理由は？

 その主な理由は3つの基準のうち1つを満たしていなかったためです。

 その3つの基準って何？

 このように、1つのテーマに対して質問をくり返していくことで、より詳細な情報や知識を得られるんだ。特定のトピックに焦点を当てて、深掘りするというわけだね。

質問をくり返すことで、さらに詳しく教えてくれるのかー。

ChatGPTは「もの知りな部下」

ChatGPT は、知識が豊富ですが間違えることもあります。いつでも相談に乗ってくれる「もの知りな部下」と考えましょう。

「調べる」ではなく「相談相手として使う」

ハカセ。この前、ChatGPTに質問してたらね。間違ったことなのに、まるで本当のことのように答えてきたことがあったよ。しかもすごく自然だから、うっかりだまされるところだったよ。なんで、本当みたいなウソをつくかな？

ChatGPTは自然な文章を作るのが得意だから、本当に自然なウソをつくよね。でも、ChatGPTに悪意はなくて、意図的なウソではないよ。ただし、どうしても誤った情報や想定外の回答を返すことはあるんだ。

どういうこと？

ハルシネーションの原因

この現象は「ハルシネーション（幻覚）」と呼ばれていて、原因はいくつもある。いろいろあるけど6つほど紹介しよう。

そんなに原因があるの！

- 回答は生成されたものだから
- 質問の解釈を誤ることがあるから
- 学習データに誤りが含まれている可能性があるから
- 最新の情報を知らないから
- 個人情報や個別の情報を知らないから
- 情報源を具体的に示せないから

まず1つの原因は、「回答は生成されたものだから」だ。ChatGPTは、情報を「検索」して返すわけではなくて、回答は確率の高い言葉をつなげて生成されたものなので、必ずしも正確であるとは限らないんだ。

そっか。「生成する」って、「答えを作り出す」ってことだもんね。

別の原因として、「質問の解釈を誤ることがあるから」というのもある。ユーザーの質問のニュアンスや意図を正確にキャッチしきれない場合があるんだ。特に質問があいまいな場合や、文脈が不足していると解釈が難しくなる。

なるほど、ユーザーの質問をちゃんと理解するのが難しいときもあるんだね。

さらに、「学習データに誤りが含まれている可能性があるから」という原因もある。ChatGPTはネット上の大量のデータで学習している。そのデータには不正確な情報や誤った情報が含まれている可能性がある。その誤った情報を使ってしまう場合があるんだ。ネットの情報は必ずしも正確ではないからね。

たしかに、ネットにはあやしい情報も多いものね。

そして、「最新の情報を知らないから」という原因もある。ChatGPTは、あるときまでの情報で学習をしている。GPT-3.5は2021年9月、GPT-4は2023年4月までの情報で学習しているんだ（2023年12月現在）。だから、それより新しい情報は知らない。「今年流行っている映画を教えて」みたいな、最新の情報についての問い合わせには正しい回答をすることができないんだ。

最近のことは聞けないのね。

 さらに、「個人情報や個別の情報を知らないから」という原因もある。ChatGPTは、公に知られている情報や一般的な知識については学習しているけれど、プライバシー保護を目的として、個人情報や特定の情報を持っていない。だから、「Python1年生のフタバちゃんの体重は何kg？」なんて聞いても、正しく答えられないんだ。

うわー、よかった。わたしの個人情報を知らなくてありがとう。

 それから「情報源を具体的に示せないから」という原因もある。ChatGPTは、具体的な情報の出所や引用先を示すことができない。そのため、その情報はどこから得た情報なのか、確認するのが難しいんだ。

いろいろな原因が絡んでいるんだね。

 つまりChatGPTの回答は、正確でない可能性があるから、絶対に正確な情報が欲しい場合は、他の情報源を利用しよう。

えー。じゃあ、ChatGPTって何の役にも立たないの？

 いやいや、何の役にも立たないってことはない。むしろ、相談相手と考えれば、いろいろな場面で役に立つよ。ChatGPTを「なんでも知ってる正解出力マシン」と考えるのではなく、ほとんど良いことをいうんだけど、たまに間違えるかもしれない相手という心づもりで接すればいいんだ。例えば、次のような場面が考えられる。

- **基礎知識の確認**：一般的に知られている知識や方法やコツなどの確認に。

会話例

 DNAとは何ですか？

 DNA（デオキシリボ核酸）は、生物の遺伝情報を保持する分子で、細胞の成長、分裂、機能を制御します。DNAは二重らせん構造を持ち、ヌクレオチドという単位から成り立っています。

- **アイデアのきっかけ探し**：新しいアイデアや創造的な提案が欲しいときに、インスピレーションを得るための参考として。

会話例

 ユニークなカフェのコンセプトは？

 本と植物をテーマにしたカフェ。読書スペースとしての落ち着いた環境と、植物の緑が心を癒す空間を提供することで、訪れる人々にリラックスした時間を過ごしてもらう。

- **外国語の練習**：異なる言語のフレーズや文法を学ぶときの相談相手として。

会話例

 "ありがとう"はスペイン語で何といいますか？

 "ありがとう"はスペイン語で"Gracias"といいます。

- **プログラミングのアドバイス**：プログラムのエラー対処方法など、基本的なプログラミングのアドバイザーとして。

会話例

 Pythonでリストの要素を逆順にする方法は？

 Pythonでリストの要素を逆順にするには、reverse()メソッドを使う方法があります。例: my_list.reverse()

- エンターテインメント：ショートストーリーやジョーク、雑談を楽しむ相手として。

会話例

 短い感動的なショートストーリーを教えてください。

 雨の日、少年は一羽の濡れた小鳥を見つけ、自宅で看病しました。翌日、元気になった小鳥は飛び立ちましたが、毎年その日には少年の窓辺にやって来て、さえずりで感謝の気持ちを伝えていました。

 そっか。「調べる」以外でも、いろいろな使い道があるのね。

 ChatGPTの回答は、常に正確でない可能性があるから、そのまま「うのみ」にしないことが重要だ。「いつでも相談に乗ってくれるもの知りな部下」として付き合うのがいいね。

- いつでも相談に乗ってくれるもの知りな部下

 なるほど。「もの知りな部下」ね。じゃあ、間違えることがあっても、しかたがないね。

 部下だから、部下の提案をチェックしたり最終的な責任を持つのは上司であるあなた自身だよね。ChatGPTが出してくるいろいろな提案も、そういう姿勢で付き合おうね。

LESSON

06

しくみでわかる、ChatGPTの得意なこと

ChatGPTの構造としくみから考えることで、どのような質問が得意で、どのような質問が不得意かが見えてきます。

ハカセ。ChatGPTに気軽な感じじゃなくて、ちゃんとした質問をするには、どんなことに気をつければいいの？

じゃあこれから、ちゃんとした質問の仕方を考えていこう。それには「ChatGPTはどんなしくみで動いているか」という視点で考えるのが重要だ。何が得意か、どんな質問を理解しやすいかなどが見えてくる。それを元に質問を考えていこう。

ChatGPTは、どんなことが得意なの？

ChatGPTは、「❶質問応答」「❷文章生成」「❸文章校正」「❹要約」「❺翻訳」「❻アイデア出し」などが得意なんだ。それぞれについて「どうして得意なのか」「どのように使うといいのか」についてこれから説明していくね。

❶質問応答
❷文章生成
❸文章校正
❹要約
❺翻訳
❻アイデア出し

❶質問応答

まず、ChatGPTでよく使うのは「❶質問応答」だね。ユーザーからの質問に回答することだ。ChatGPTは大量のテキストデータを学習しているので、多くの知識を持っている。「その知識」と「文章の文脈を捉える技術」を使って、質問に対して適切な回答を生成できるんだ。

LESSON
06

何でも答えるなんて、すごいね。

何でもってわけじゃないよ。得意なのは「一般的な知識に対する回答」だ。学習データは広範囲で大量なので、頻繁に現れる情報やパターンについてはよく反映される傾向がある。つまり、多くの文献やデータで共有されている一般的な知識に対しては、適切な回答をすることができるんだ。

一般的なことは、よく知ってるってことなのね。

具体的な質問の例を紹介するよ。

質問応答のいろいろな例

　詳しい解説の質問：何かの基本的な概念や用語について詳しく知りたいときに使います。

質問例

 ディープラーニングとは何ですか？

　比較や選択に関する質問：2つ以上のものの違いや、どちらが良いのかを知りたいときに使います。

質問例

 ディープラーニングと機械学習の主な違いは何ですか？

　異なる視点の質問：ある事象のメリットとデメリットや、異なる側面を知りたいときに使います。

質問例

 テレワークのメリットとデメリットは何ですか？

　手順に関する質問：何かの行動をどのような手順や方法で行うのかを知りたいときに使います。

質問例

 Macでスクリーンショットを撮る方法を教えてください。

　仮定に基づく質問：「もし〜だったら」という、仮定の状況や影響について考えたいときに使います。

質問例

 もし大量のデータを処理する必要がある場合、どのプログラミング言語やフレームワークを使用するのが最適ですか？

❷文章生成

ChatGPTの「❷文章生成」は、便利な機能だよ。ユーザーから与えられたトピックや指示に基づいて、新しい文章を生成してくれるんだ。文章の文脈を捉えることが得意なので、連続性のある文章をスムーズに生成できるんだ。例えば、あるトピックについての説明文を生成したり、物語の続きを生成したりできるんだ。

LESSON
06

文章を考えてくれるのは、うれしいね。

どんな文章を生成できるか、いろいろな例を紹介しよう。

文章生成のいろいろな例

一般的な知識の説明文の生成：あるトピックに関する説明文を生成します。

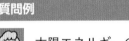 質問例　　　　　　　　　　　　　　　　　　　　

太陽エネルギーの利点についての説明文を書いてください。

レポートやエッセイの生成：あるテーマに関する意見や考察をまとめる文章を生成します。

 質問例　　　　　　　　　　　　　　　　　　　　

 オープンソースのソフトウェア開発が業界にもたらす影響についてのレポートを作成してください。

指示や手順の生成：何かを実行するための指示や手順を生成します。

質問例　　　　　　　　　　　　　　　　　　　　

 Pythonのライブラリ「NumPy」をインストールする方法を教えてください。

物語の生成：あるテーマやキャラクターや背景を元にした物語の文章を生成します。

質問例

 森の中で魔法の力を持つ狐と、病弱な少女の短い物語を書いてください。

会話やセリフの生成：2人以上のキャラクターが交わす会話やセリフを生成します。

質問例

 プログラミングの解説を、先生と生徒の会話で作成してください。

あれれ？「プログラミングの解説の先生と生徒の会話」だって。ハカセとわたしの会話も作れちゃうかもね。

 ははは。わたしたちの会話はChatGPTが生成したものじゃないよ。でも、試しに「開発者とクライアントの会話」を生成してみよう。面白い会話ができるかもね。

会話例

 以下の2人は「Webページに音声認識機能をつけるかどうか」で議論をしています。その会話を作成してください。

###

・音声認識機能を使いたい開発者

・費用を安く抑えたいクライアント

 開発者: 音声認識の導入を検討されてはいかがでしょうか。利便性が高まりますよ。

クライアント：へー、実際のコストとかどうなの？

開発者：初期費用はかかりますが、ユーザーの満足度上昇や滞在時間の増加も期待できます。

クライアント：でも、音声って認識ミスとかあるんじゃないの？

開発者：たしかに認識ミスはゼロではありませんが、テストを重ねて最小限に抑えます。

クライアント：なるほど…。じゃあ、特定のページだけで試してみるのはどう？

どんな打ち合わせになるかを予想できるのね。おもしろーい。

会話例で使っている「###」記号は、82ページで詳しく解説します。

61

❸文章校正

 「❸文章校正」は役に立つよ。文章内の文法や文体、誤字脱字などのミスをチェックし、それを修正することができるんだ。自然な文脈を理解できるので、不自然な部分や間違いを検出することができるんだ。より自然で正確な文章への修正ができるよ。

文章の間違いを修正してくれるって、大助かりだね。

 どんな文章の校正ができるか、いろいろな例を紹介しよう。

文章校正のいろいろな例

　SNS投稿の校正：日常の投稿や情報共有の際の言葉遣いや表現をチェックし、適切なものに修正します。

 質問例

 以下の投稿内容が適切かどうか確認し、もし必要ならば修正してください。

　広告やマーケティングの文章校正：キャッチコピーの効果を上げたり、広告文の誤解を招かない表現に修正したりします。

 質問例

 以下の新商品の広告文を確認し、効果的なキャッチコピーの提案をしてください。

履歴書や職務経歴書の校正：履歴書や職務経歴書の内容を適切かつ効果的に伝えるように、文法や表現のミスを修正します。

質問例

以下の履歴書の自己PR部分をもっと魅力的に修正してください。

プログラムのドキュメントの校正：プログラムの動作や使用方法を説明するドキュメントの誤解を招く可能性のある表現や技術的な誤りを修正します。

質問例

以下のAPIの使用ドキュメントの技術的内容や文法をチェックしてください。

プロジェクトの仕様書や要件定義の校正：プロジェクトの仕様書や要件定義の文書における技術的な用語や表現の確認、内容の明瞭性や矛盾の確認と修正を行います。

質問例

以下のシステム要件定義書に矛盾や不明確な点がないかを確認し、修正してください。

プログラミングの仕事でも、文章の正確さが求められるんだね。

そうだよ。プログラミングも正確な情報伝達が重要だから、文章校正はとても役に立つよ。

❹要約

「❹要約」も便利だよ。長い文章の要点をまとめて短くすることだ。セルフアテンションによって、文章内の重要な部分を特定できるから、この能力を利用して、要約を生成できるんだ。論文やニュース記事の要約作成に役立てることができるね。

長い文章は読むのが大変だから、まとめてくれるのはうれしいね。

いろいろな例を紹介しよう。

要約のいろいろな例

文字数を減らして要約：文章の内容を短く要約します。

質問例

 以下のレポートを100文字に要約してください。

重要な部分を抽出して要約：文章の重要な部分だけを選んで要約します。

質問例

 以下の議事録から重要なポイントをリストアップしてください。

情報を再構成して要約：情報を特定の形式や目的に合わせて再編成して要約します。

質問例

 以下の報告書を、メリットとデメリットのリストに再構成してください。

要点を強調して要約：あるテーマやキーワードを強調して要約します。

質問例

 以下の記事から環境に関連する部分だけを要約してください。

異なる視点で要約：ある目的や視点を使って文章を短く要約します。

質問例

 以下の技術的な説明を、消費者のニーズに焦点を当てて要約してください。

 例として、以下のように質問してみるよ。

質問例

 以下の技術的な説明を、消費者のニーズに焦点を当てて要約してください。
###
当社の新型テレビは、4K UHD解像度を持ち、HDR10+とDolby Visionにも対応しています。この技術のおかげで、映像は非常に鮮明で、色の階調もリアルに再現されます。さらに、120Hzのリフレッシュレートを持つため、動きの速い映像も滑らかに表示されます。

ありゃー。渡した文章は、技術的すぎて、なにが書いてあるのか、よくわかんないね。

それを要約したのがこれだ。

回答例

 当社の新型テレビは、超鮮明な映像とリアルな色を再現。さらに、速い動きのシーンもスムーズに楽しめます。

 こりゃわかりやすい！　要約って大事だね。

 ❺翻訳

 「❺翻訳」もすごく使えるよ。ある言語の文章を別の言語に変換することだ。翻訳専門のソフトと比べると完璧でないかもしれないけれど、セルフアテンションで元の文章の意味や文脈をしっかりと捉えて、翻訳する言語の文法やニュアンスに合わせた文章を生成することができるんだ。しかもChatGPTの「翻訳」機能は、単なる言語翻訳だけではないよ。これがすごいんだ。「文調の変換」や「プログラミング言語への変換」といった広義の翻訳もできるんだ。

 へー。翻訳って、外国語だけじゃないのね。

 翻訳のいろいろな例を紹介しよう。

翻訳のいろいろな例

自然言語の翻訳：ある文章を、別の国の言語に翻訳します。

質問例

 以下の英文を、日本語に翻訳してください。

　専門用語を一般化する翻訳：専門的なテキストや用語を一般的な言葉で説明し直します。

質問例

 以下の技術用語を、一般的な言葉で説明してください。

LESSON
06

　文調を変換する翻訳：文章のトーンやフォーマットを変更します。

質問例

 以下の標準語の文章を、大阪弁に書き換えてください。

　プログラムへ変換する翻訳：人間の要求や指示からプログラミング言語へ変換します。

質問例

 Pythonで、1から10までの数字を表示するプログラムを書いてください。

　フォーマットを変換する翻訳：データフォーマットを別のフォーマットへ変換します。

質問例

 以下のJSONデータを、XMLに変換してください。

英語への翻訳以外に、こんなにいろんな翻訳をしてくれるんだね。

❻アイデア出し

ChatGPTは、「❻アイデア出し」も得意なんだ。これは、これまでと少し違った能力だね。与えられたトピックや条件に基づいて新しいアイデア出しや提案をすることができるんだ。ChatGPTは大量の情報や知識を持っているから、さまざまな視点やアイデアを提供することができる。セルフアテンションのおかげで、関連性の高い情報を引き出すことができるし、文脈に応じて確率的に適切な言葉をつないで文章を生成するので、いろいろな提案を生成することができるんだ。

いろんなアイデアまで考えてくれるなんて楽ちんだね。

だけど、ChatGPTが実際に生成したアイデアを見ると、そのままでは使いにくいものが多い。ChatGPTにアイデアを考えてもらう、というよりも、自分でアイデアを考えるときに、大量にいろいろなヒントを出してもらって、そこから考えていくという使い方をするのがいいよ。

例えば、どんなことにアイデアを出してもらえるの？

なんにでも使えるよ。だから、何に対してのアイデアなのかを指示するようにしよう。

アイデア出しのいろいろな例

キャッチフレーズのアイデア出し：製品やキャンペーンのキャッチフレーズを提案します。

 質問例

 新しいスマートウオッチ売り出しのためのキャッチフレーズを提案してください。

製品名のアイデア出し：新しい製品やサービスの魅力的な名前を提案します。

質問例

 再利用可能なストローの製品名を提案してください。

技術の活用方法のアイデア出し：新しいテクノロジーを活用した製品やサービスを提案します。

質問例

 5G技術を活用した新しいサービスや製品のアイデアを考えてください。

プログラムの変数名や関数名のアイデア出し：コーディング中に適切な変数名や関数名を提案します。

質問例

 ユーザーの年齢を計算する関数の名前を提案してください。

プログラムで名前を考えるって、難しいよね。

変数名や関数名って適当につけがちだけど、プログラミングでは「名前」は、ものすごく大事なんだよ。「何のためにあって、何をするものなのか」が理解できるようにしておく必要がある。だから、わからないときにこうやって提案してもらえるのは便利だね。

英語が得意

「ChatGPTの得意なこと」って他にないの？

 ChatGPTは、全世界の学習データで学習をしているんだけど、英語のデータの量や質は他の言語と比べて圧倒的に多い。だから英語が得意だ。英語で質問するほうが回答の精度が高いんだよ。

ええっ！　英語で質問しなくちゃいけないの？

 ただし、文化の違いもある。日本文化のことは、英語圏のデータでは学習しにくいはずだ。日本に関することや、日本独自の微妙なニュアンスなどは日本語で聞いたほうがいいかもしれないね。

正しいコミュニ ケーションが大事

優れた ChatGPT でも、おかしな質問をすると思うような答えを出してくれません。コミュニケーションの方法を学びましょう。

ハカセ。いろいろ考えて質問しても、なかなか思うような回答が返ってこないことがあるんだよ。どうしたらいいの？

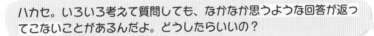

思うような回答が返ってこない場合って、コミュニケーションの問題の場合が多い。質問や指示がうまく伝わっていないんだ。

コミュニケーションの問題か〜。

なので、正しいコミュニケーションに気をつけるとうまくいくことが多いよ。その対策として、以下のような方法があるよ。順番に説明していこう。

❶ あいまいさを明確にする
❷ 質問を分割する
❸ 質問の角度を変える
❹ しないことではなく、することを指示する

❶あいまいさを明確にする

まず、大事なのは「❶あいまいさを明確にする」ということだ。質問があいまいだと、ずれた回答をしてしまうことがある。何を知りたいのか、どのような情報が欲しいのかを具体的に明確にすることで、それに合わせた回答をしやすくなるんだ。

質問例

【あいまいな質問】
Pythonってどう？

【明確な質問】
Pythonの主な特徴と用途は何ですか？

質問例

【あいまいな質問】
プログラムが動かない。どうしたらいい？

【明確な質問】
Pythonで以下のエラーメッセージが出ました。原因と対処法を教えて。

質問例

【あいまいな質問】
エンジニアっていいかな？

【明確な質問】
ソフトウェアエンジニアの主な仕事内容とメリットは何ですか？

❷質問を分割する

 次に、「❷質問を分割する」という方法もある。

質問を分割？

ChatGPTは、一度に複数の質問が与えられても、すべてを適切に回答することは難しい。セルフアテンションは注目する技術だから、一番重要そうな一部にだけ注目して対応する可能性があるんだ。

いっぺんにいろいろ質問されても混乱しちゃうもんね。

 だから、複雑な質問は、情報を順序立てて整理し、分割して1つずつ質問をすることが効果的なんだ。

質問例

 【分割前の質問】
Pythonの特徴と用途、そして歴史について教えて。

 【分割後の質問】
Pythonの主な特徴は何ですか？

 Pythonの主な用途は何ですか？

 Pythonの歴史的背景を教えてください。

質問例

【分割前の質問】
AIの種類と、それぞれの用途を教えて。

【分割後の質問】
AIの主な種類は何ですか？

それぞれのAIの用途を教えてください。

❸質問の角度を変える

明確に伝えているつもりなのにうまくいかないときは、「❸質問の角度を変える」という方法がある。

角度を変える？

あるトピックの理解が難しいような場合、別の視点からの質問をすることで、適切な回答を生成しやすくなるんだ。

なるほど、ちょっと視点を変えて質問すれば、理解されやすくなるってことね。

違った角度から質問することで、ChatGPTは異なる視点からも情報を処理できるので、より適切な回答を生成しやすいんだ。

質問例

【最初の質問】
Pythonとは何ですか？

【角度を変えた質問】
Pythonが他のプログラミング言語と比べて優れている点は何ですか？

質問例

【最初の質問】
電気自動車の利点は何ですか？

【角度を変えた質問】
電気自動車がガソリン車と比べて環境に優れている理由は何ですか？

質問例

【最初の質問】
VR技術の用途は何ですか？

【角度を変えた質問】
VR技術は教育分野でどのように利用される可能性がありますか？

 ❹しないことではなく、することを指示する

 それからこれは、ついやってしまうので気をつけたほうがいいんだけど、「❹しないことではなく、することを指示する」というのがある。

しないこと、ではなく？

 日常会話では、「○○しないでください」といういい方をすることがよくあるけれど、「しないこと」を指示しても、それ以外の可能性がいろいろあるので、指示があいまいになってしまう。「すること」を具体的に指示するんだ。

例えば、「話を脱線しないでください」じゃなくて「本題を話してください」っていうほうがいいってことね。

 いいねえ。他にこんな例があるよ。

【悪い例】
長文で答えないでください。

【良い例】
短く答えてください。

質問例

【悪い例】
答えるときに、余計な情報を入れないでください。

【良い例】
要点だけを答えてください。

質問例

【悪い例】
技術的な言葉を使わないで説明してください。

【良い例】
一般的な言葉で説明してください。

質問や指示がうまく伝わっていない場合は、正しいコミュニケーションに気をつけることが重要だ。これって、相手が友だちでも、仕事仲間でも同じだよ。もし、「相手が人間のときはうまく答えてくれるのに、ChatGPTは気が利かないなあ」なんて思っているときは、人間の場合は、相手の人が気を使って、察してくれているだけかもしれないよ。

たしかにそうかも。いつも相手に苦労をかけていたかもしれないね。ChatGPTとの会話も、友だちとの会話も、気をつけるようにするよ。

うまく指示する方法（プロンプトエンジニアリング）

ChatGPT に対して効果的な指示を出す技術を学びましょう。これを、プロンプトエンジニアリングといいます。

プロンプトエンジニアリングの要素

さてこれまでは、「ChatGPTと会話をするコツ」という視点で説明したよね。

ChatGPTって、気軽に話せる相談相手だよね。

それを次は、「ChatGPTはプログラムだったよね」という視点で見てみようと思うんだ。「質問」を「入力するデータ」と考えてみよう。そのことを「プロンプト」と呼ぶよ。

プロンプト？

ChatGPTはプログラムだから、適切なプロンプトを入力することで、よりよい結果を引き出すことができる。この入力をどのようにうまく設計するかを考えることを「プロンプトエンジニアリング」というんだ。

エンジニアリング！　ちょっと、難しくなってきたよ。

とはいえ、基本的な考え方はこれまでと一緒だよ。ただそれを、プログラムが受け取りやすいフォーマットで考えようということなんだ。

質問を、ChatGPTにわかりやすい形式にしてあげようってことなのね。

プロンプトは、「❶明確な指示」「❷文脈（話の流れ）や背景（予備知識）」「❸入力データ」「❹出力形式」の4つの要素で考えていく。これらを組み合わせてプロンプトを作っていくんだ。それでは順番に見ていくよ。

❶明確な指示
❷文脈（話の流れ）や背景（予備知識）
❸入力データ
❹出力形式

❶明確な指示

 プロンプトで一番重要なのは、「❶明確な指示」だ。ChatGPTに、何をしてほしいのかをハッキリ指示する。つまり、命令を正しく伝えることが重要だということだね。

「あいまいさを明確にする」ってことだね。

 そうそう。そして、もし単純な命令だけであいまいな指示になる場合は、具体的な説明を追加して明確にすることも重要だよ。

質問例

【質問応答】
○○について教えてください。

【文章作成】
以下のテーマで短い記事を書いてください。

【文章校正】
以下の文章を校正してください。

【要約】
以下の記事を要約してください。

【翻訳】
以下の文章を英語に翻訳してください。

【アイデア出し】
以下のテーマで新しい企画を5つ考えてください。

❷文脈（話の流れ）や背景（予備知識）

次に重要なのが、「❷文脈（話の流れ）や背景（予備知識）」を追加することだ。ChatGPTは、「文脈や背景」を与えることによって、適切に回答しやすくなるんだ。

それが何の話かを理解しておくことは大事だもんね。

質問例

 【文脈なし】
健康的な食事は？

【文脈あり】
ダイエットを始めたばかりの人がとるべき健康的な食事は？

質問例

 【文脈なし】
どんなプログラミング言語がありますか？

【文脈あり】
データサイエンスの分野でよく使われるプログラミング言語を教えてください。

質問例

 【文脈なし】
データの可視化について教えて。

 【文脈あり】
Pythonでmatplotlibを使用して折れ線グラフを描く方法を教えて。

ロールプレイ

この「❷文脈（話の流れ）や背景（予備知識）を追加すること」によって、回答の精度を上げることができるんだけれど、ちゃんと説明しようとすると手間がかかってしまう。そこで、もっと簡単で効果的に指示する方法として「ロールプレイ」という方法があるんだ。

ロールプレイ？　ロールプレイングゲームみたいだね。

それそれ。「主人公の役に成りきって行うゲーム」のことを、ロールプレイングゲーム（RPG）というよね。そのロールプレイのことだよ。

なんか、面白そう。

ChatGPTに「特定の役を与える（ロールプレイ）」ことで、「その役が持っている文脈と背景」も一緒に与えることができる効果的な手法なんだ。例えば、ChatGPTに対して「あなたは編集者です」と役を与えることで、編集者としての知識や考え方を背景として与えることができるというわけだ。

ChatGPTが、編集者に成りきってくれるわけね。

この「あなたは○○です」と指示するロールプレイの方法は、効果的な方法なのでよく使われているよ。覚えておこう。

ロールプレイ例

 あなたは編集者です。

 あなたはプロのライターです。

 あなたはプロのエンジニアです。

 あなたは利用者です。

 あなたはプロダクトマネージャーです。

❸入力データ

次に重要な要素は、「❸入力データ」だ。例えば、文章校正をさせたいときは「校正させたい文章」を渡すよね。それが「入力データ」だ。

「以下の文章を、校正してください。」って指示したときに、続けて書く文章のことね。

多くの場合は、ChatGPTがかしこいのでうまく解釈してくれるんだけど、質問も文脈や背景も入力データもすべてが「テキストデータ」だ。だから、質問と入力データを間違える可能性がある。

たしかに。質問も入力データも、みんな文章だもんね。

だから、「区切りの記号」を使って、質問と入力データをはっきり区別する書き方にすることが効果的なんだ。

なるほど。「ここからが入力データだよ」って、質問と入力データとの区別をはっきりさせるわけね。

多くの場合、「###」とか「入力文:」などのわかりやすい区切り記号が使われるよ。

区切り記号例

```
###
### 入力文
入力文:
手順:
質問:
```

例えば、以下のように入力データを「###」で区切って渡すと、誤解が生じにくくなるよ。

会話例

以下の文章を校正してください。
\###
わたしわ、ChatGPTです。

以下のように校正します。
わたしは、ChatGPTです。

❹出力形式

もうひとつ便利な要素が「❹出力形式」だ。これは、普通の回答でいいときは、必要ないんだけれど、特定の形式で回答が欲しい場合に使えるんだ。

特定の形式って？

「箇条書きで答えてください」とか、「表形式で出力してください」とか、「200文字以内に要約してください」などと指定すると、指定した形式で出力してくれるんだ。

指定した形式にまとめてくれるなんて、助かるねー。

出力形式の例：形式を指定する

箇条書きで答えてください。

表形式で出力してください。

ダイアグラムや図を使って説明してください。

出力形式の例：文字数や単語数を制限する

 100文字以内で答えてください。

 5つの単語に要約してください。

出力形式の例：文体や文調を指定する

 シンプルな言葉で説明してください。

 フォーマルなトーンで答えてください。

 専門用語を避けて、一般的な言葉を使用してください。

出力形式の例：特定の情報を強調する

 最も重要なポイントだけを挙げてください。

 メリットとデメリットをそれぞれ説明してください。

 ステップバイステップで

 指定方法で特に効果的なのが「ステップバイステップで」と指定する方法だ。ChatGPTは重要なところに注目して答えるから、不要と判断した情報を省略する傾向があるんだけれど、この指定をすると複雑な処理を段階的に分けて考えさせることができるので、より正確で深い分析をさせることができる。

なんて便利な呪文なの！

「以下を、ステップバイステップで検証してください。」という出力指定は便利だよ。試しに、79ページの私の発言が正しかったかをチェックしてもらおう。

会話例

 以下の文章に誤りがないか、ステップバイステップで検証してください。
###
プロンプトで一番重要なのは、「明確な指示」だ。ChatGPTに、何をしてほしいのかをハッキリ指示する。つまり、命令を正しく伝えることが重要だということだね。

 ステップバイステップで文章を検証します。
1. プロンプトの重要性に関する主張
　・正確さ：プロンプトにおいて「明確な指示」が重要であるという主張は正確です。
2. ChatGPTに対する指示の方法
　・正確さ：ChatGPTに何をしてほしいかを明確に指示するというアドバイスは正確です。
3. 命令の伝達の重要性
　・正確さ：命令を正しく伝えることが重要であるという主張は、前述の内容と一致しており、正確です。
　　文章に誤りはありません。

すっご〜い。簡単な指示で、詳しく調べてくれるようになるのね。

LESSON

09

プロンプティング

プロンプティングとは、「**ChatGPT** に効果的に指示をする書き方」のことです。このいろいろな書き方を紹介しましょう。

さて、これまでプロンプトの要素について見てきたけど、「その要素を使ってどのように書くのか」という書き方の方法もいくつかあるんだ。この書き方のことを「プロンプティング」というよ。

お風呂でプリン？

誰もそんなことはいっていない。プロンプティングだよ。「❶Zero-Shot プロンプティング」「❷Few-Shot プロンプティング」「❸Chain-of-Thought(CoT) プロンプティング」などがあるので、これらについて説明していくよ。

❶Zero-Shotプロンプティング

まず、「❶Zero-Shot プロンプティング」とは、「例を与えずに、シンプルに質問や指示をする書き方」のことだ。まあ、普通のプロンプトの書き方だね。

例を与えずに、質問する？

そうだね。例えば、いきなり「日本の首都はどこ？」みたいに、質問する方法だよ。これまで「気軽に質問するとき」は、この方法で質問してたよね。

❷Few-Shotプロンプティング

 それに対して「❷Few-Shotプロンプティング」は、「例をいくつか示してから、目的の質問をする書き方」のことだ。例があることで、回答の方向を決めたり、内容の精度を上げたりすることができるんだ。

ちょっとしたヒントを出してから、本題の質問をする感じね。

 例えば、「パリはフランスの首都、ベルリンはドイツの首都です」といくつかの例を示してから、「ではロンドンはどこの首都？」みたいに本題の質問をする方法だよ。

 ❸Chain-of-Thought（CoT）プロンプティング

 そして、「❸Chain-of-Thought（CoT）プロンプティング」は、「質問と回答の連続したやりとりのあと、最終的な質問をすることで、到達するまでの思考の流れを明確にする書き方」だ。実は、ChatGPTで会話をしている状態がこれだ。話の流れがあることで、より具体的に深い回答をすることができるんだ。

深い回答？

 例えば、複雑なことや深いことを知りたいときに、最初から直接的な答えを求めるのではなく、段階的に情報を得たり、論点を絞り込んだりしていくことができるんだ。

例えばどんなの？

 例えば、以下のように、質問と回答をくり返していくことで、情報の深掘りをすることができるんだ。

会話例

 世界で一番大きい動物は何？

 シロナガスクジラです。

 そのシロナガスクジラの大きさってどのくらい？

 約25〜30mぐらいです。

 そんな大きい動物は、何を食べているの？

 3cmぐらいのオキアミというプランクトンです。

 そんな大きい動物がそんな小さなオキアミを食べてるの？

 1日に数トンも食べます。

なるほど〜。質問をくり返して掘り下げていくと、面白い発見ができるのね。

 「プロンプティング」とは、「どう書けばChatGPTに効果的に指示できるかの書き方」のことだ。これは、ChatGPTのAPIを使ってプログラムを作るとき、すごく大切になってくる。第4章以降のプログラミングでまた出てくるよ。

第3章
ChatGPTにプログラミングを手伝ってもらおう

このPythonのプログラム、ちょっと作るの苦労しそう……。

おや。ふたばちゃん。プログラムの勉強？

うん。いままでの知識を使って、イケてるプログラムを作りたいんだけど。

悩んでいるんだったらChatGPTに相談してみることも解決策かもよ。★

え？プログラムの悩みにも答えてくれるの？

うん。プログラムを読むとき、プログラムを作るとき、修正するときなどに利用できるよ。

なんと！

関数の提案もしてくるよ。

すごっ！

じゃあ、見ていこう！

ふぁ〜い！

この章でやること

プログラムを読むとき

会話例

以下のプログラムの目的を説明してください。
```
###
import random
def dice10():
    for i in range(10):
        print(f"結果: {random.randint(1, 6)}")
dice10()
```

このプログラムは、6面のサイコロを10回振った結果を表示するものです。dice10 関数を呼び出すと、サイコロの目（1から6の間のランダムな整数）が10回連続で出力されます。

プログラムを
読んでくれている！

プログラムを書くとき

会話例

Pythonのpandasライブラリで、CSVファイルを読み込む方法をシンプルに教えて。

もちろんです！Pythonのpandasライブラリを使用してCSVファイルを読み込む基本的な方法は以下の通りです：

```
import pandas as pd
# CSVファイルを読み込む
df = pd.read_csv('ファイルのパス.csv')
# データの最初の5行を表示
print(df.head())
```

このコードで、指定したCSVファイルがdfという名前のデータフレームに読み込まれます。

プログラムも
書いてくれるよ！

プログラムを修正するとき

会話例

以下のプログラムをもっと効率的に書く方法はありますか？
```
###
numbers = [1, 2, 3, 4, 5]
total = 0
for number in numbers:
    total += number
print(total)
```

はい、このプログラムはPythonの組み込み関数を使って、より短く効率的に書くことができます。以下がリファクタリング後のプログラムです：

```
numbers = [1, 2, 3, 4, 5]
print(sum(numbers))
```

こちらを使用すると、forループを使わずに直接リスト内の数値の合計を計算できます。

プログラムの
修正もしてくれる！

LESSON

10

プログラムを読むとき

ChatGPT は、プログラムのいろいろな場面で助けになります。まずは、「プログラムを読むとき」について見ていきましょう。

「いろいろな質問ができるようになってきた」ようなので、次は、「プログラミングでどのように活用できるか」という視点で見ていこう。

ChatGPTってかしこいから、プログラミングなんて代わりに全部やってくれそうだよね。

いやいや。「プログラムを作る」っていうのは、部分的にはできても、代わりに全部やってもらうというのは難しいんだ。でも、「作るときにいろいろ手伝ってもらう」ということなら、いろいろ使えるよ。

いろいろ手伝ってくれるの？

ChatGPTは、多くのプログラミング言語やその文法を学習している。そして、文章を「要約」したり「広義な翻訳」したりもできる。これらの能力を使うと、以下のようなプログラミングのいろいろな場面で手伝ってもらえるんだ。

❶プログラムを読むとき
❷プログラムを作るとき
❸プログラムを修正するとき
❹愚痴や不満を聞いてほしいとき

まずは、「❶プログラムを読むとき」の活用方法から見ていこう。

 ## プログラムの説明をしてもらう

プログラミングでは、プログラムを書くより、プログラムを読むほうが多いんだ。他人のプログラムの場合もあるし、かつて自分が書いたプログラムを読み直す場合もある。

プログラムを読んで理解するって大変よね。

何が書かれているかを理解するのも大変だし、かつて自分が書いたプログラムなのに「何を書いてたんだっけ？」って、すっかり忘れていることもある。

あはは。自分で書いたのにね。

こういうとき、ChatGPTを使えば、「このプログラムは、何が書かれているのか」という、動作や目的を教えてもらうことができるんだ。

それはうれしいね。

質問例

 以下のプログラムの動作と目的を説明してください。

試しに、Pythonのプログラムを用意して、説明してもらおう。

以下のプログラムの目的を説明してください。

```
###
import random
def dice10():
    for i in range(10):
        print(f"結果: {random.randint(1, 6)}")
dice10()
```

 このプログラムは、6面のサイコロを10回振った結果を表示するものです。dice10 関数を呼び出すと、サイコロの目（1から6の間のランダムな整数）が10回連続で出力されます。

なるほど。こうやって文章で説明してもらうとわかりやすいね。

 ## 注釈を追加してもらう

 プログラム全体を説明してもらうだけじゃなく、プログラムの各行について、細かく説明してもらうこともできる。そして、それをプログラムの注釈行として追加してもらうこともできるんだ。

注釈行つきのプログラムに修正してくれるのね。この行の命令は何をしてるんだろうって、思うことがあるからこれは便利ね。

 以下のプログラムの各行に注釈を追加してください。

 じゃあ、さっきのプログラムに注釈をつけてもらおう。

さっきのプログラムを使って、関数と変数の説明をしてもらおう。

会話例

 以下のプログラムの関数と変数は、何をするものですか？
```
###
import random
def dice10():
    for i in range(10):
        print(f"結果: {random.randint(1, 6)}")
dice10()
```

 関数 dice10()：この関数は、6面のサイコロを10回振った結果を連続して表示します。

変数 i：ループの各反復を通じてのカウンタ変数です。この場合、0から9までの値を取りますが、iの値自体はこのプログラム内で特に使用されていません。

 へえ。ちゃんと何をやってるのかを理解してるのね。

プログラムを作るとき

ChatGPT は、「プログラムを作るとき」にも、いろいろ助けてくれます。
どのようなサポートができるかを見ていきましょう。

次は、「❷プログラムを作るとき」の活用方法だ。プログラムを作る
ときは、とにかくいろいろなことを考えるんだけど、ChatGPTには
そのいろいろな場面で手伝ってもらうことができるんだよ。

ほんと優秀なアシスタントよね。

ただし、ChatGPTは確率的に適切な言葉をつないで文章を生成し
ているだけだから、必ず正しい方法をいうわけじゃないよ。あくまで、
部下からの助言として受け取ろう。

作業の進め方を相談する

まず、プログラムを作り始めるときに、「どんな手順で作業を進めてい
こう」と考えることがあるんだけど、そんなときChatGPTに相談す
ることができるんだ。ChatGPTは、プログラミング言語の情報だけ
でなく、プログラムの一般的な制作工程を学習している。だから、プロ
ジェクトの一般的な進め方やタスクの優先順位などのアドバイスを提
供することができるんだ。

手順を考えるところから相談できるのね。

質問例

 新しいWebアプリケーションの開発を始めるとき、どのようなステップで進めた
らいいですか？

 実際に、この質問をしてみよう。

会話例

 新しいWebアプリケーションの開発を始めるとき、どのようなステップで進めた
らいいですか？　要点をシンプルに教えてください。

 新しいWebアプリケーションの開発の要点的なステップは以下の通りです：
1. **要件定義**：アプリの目的や必要な機能を決定。
2. **設計**：UI/UXと技術アーキテクチャを計画。
3. **開発**：フロントエンドとバックエンドのコーディング。
4. **テスト**：バグや問題点の確認と修正。
5. **デプロイ**：公開環境へのリリース。
6. **維持・更新**：継続的なメンテナンス。
この順序で基本的なフローを進めることが一般的です。

 けっこうしっかりと教えてくれるのね。

 「シンプルに」って指示したから短くまとめてくれたけど、「シンプル
に」って指示しなかったらもっと詳しく教えてくれるよ。

プログラムのサンプルを提供する

 ChatGPTは、プログラムを作っている最中にも役立つよ。プログラムを作っているときは、「こういう処理は、どんなプログラムで作ればいいだろうか」と考えて、動作しそうなプログラムを作って試したり、別のアプローチでプログラムを作って試したり、試行錯誤をくり返して考えていく。このときChatGPTに、「こんな処理の一般的なプログラムって知ってる？」って、相談できるんだ。

あっ！　代わりにプログラムを書いてくれるんだ。

 世間で「ChatGPTがプログラムを書ける」といわれているのはこのことだろうね。ChatGPTは、多くのプログラミング言語や文法やアルゴリズムを学習しているから、質問に対して適切なサンプルコードを提供することができるんだ。

LESSON
11

じゃあ、プログラマーはもういらないね。

 いやいやいや。ChatGPTはあくまで「一般的なサンプルコード」を提供しているだけだ。このプログラムをこの場面で使って問題ないか、プログラムに間違いはないか、などはプログラマーがしっかり考える必要がある。本来、プログラマーの仕事って「プログラムをただ書く」ってことじゃないよ。「プログラムを考えて作る」ことが重要なんだ。

じゃあ、なんでChatGPTに相談するの？

ある問題を解決するプログラムにはいろいろな書き方があって、そのうちのどの書き方が一番適切か考えて選んでいく。パソコンで漢字変換をするときに、同音異義語の漢字がたくさん出てくるので、その中から選ぶような感じかな。例えば、「とる」を漢字で書きたいとき、「取る」か「撮る」か「採る」のどれを選べばいいかは、その文章に適したものを作者が正しく判断する必要があるよね。

つまり、漢字変換みたいにプログラムを提案してくれるのが、ChatGPTってこと？

 そういうことだ。ChatGPTの提案が、そのまま使えるなら使えばいいし、修正して使えそうだったら修正すればいいし、別のプログラムを作ってもらうことも指示できる。プログラムが使えるか使えないかを見抜くのがプログラマーの仕事だ。だから、いろいろ提案してくれるのは助かるよ。

ChatGPTが書いたプログラムが使えるかは、自分で考えないといけないのね。

質問例

Pythonで2つのリストをマージして、重複を削除するプログラムを書いて。

どんなプログラムを作ってくれるか、試してみよう。

会話例

Pythonで2つのリストをマージして、重複を削除するプログラムを書いて。

Pythonで2つのリストをマージし、重複を削除する最もシンプルな方法は、集合（set）を使用することです。以下にそのプログラムを示します：

```python
def merge_and_deduplicate(list1, list2):
    return list(set(list1 + list2))


# 使用例
list1 = [1, 2, 3, 4, 5]
list2 = [4, 5, 6, 7, 8]

merged_list = merge_and_deduplicate(list1, list2)
print(merged_list)  # [1, 2, 3, 4, 5, 6, 7, 8] のような結果
が表示されます（順序は異なる可能性があります）
```

注意: setは順序を保持しないため、結果のリストの順序は元のリストの順序と異なる可能性があります。順序を保持したい場合は、少し複雑なロジックを使用する必要があります。

すごーい。こんな方法でできるのね。補足情報まで教えてくれるなんて、勉強になる〜。

ライブラリの使い方を解説してもらう

 プログラムでライブラリを利用するときは、その使い方を調べて使っていく。こんなとき、「ライブラリの使い方の解説」をChatGPTに相談できるんだ。ChatGPTは、多くの主要なライブラリやフレームワークの使い方も学習している。だから、基本的な使い方や応用例をユーザーに提供することができるんだ。

代わりに調べてくれるのって便利だね〜。

質問例

 Pythonのpandasライブラリで、CSVファイルを読み込む方法を教えて。

LESSON
11

 試しに、使い方を聞いてみよう。

会話例

 Pythonのpandasライブラリで、CSVファイルを読み込む方法をシンプルに教えて。

 もちろんです！Pythonのpandasライブラリを使用してCSVファイルを読み込む基本的な方法は以下の通りです：

```
import pandas as pd
# CSVファイルを読み込む
df = pd.read_csv('ファイルのパス.csv')
# データの最初の5行を表示
print(df.head())
```

このコードで、指定したCSVファイルがdfという名前のデータフレームに読み込まれます。

サンプルプログラムだとイメージしやすいから、すぐ使えるね。

 ## 変数名や関数名を提案してもらう

少し前にも話をしたけど、変数名や関数名は、すごく大事だ。「何のためにあって、何をするものなのか」がわかる名前をつける必要がある。こんなとき、ChatGPTは便利なんだ。使用方法や目的を伝えれば、それを「要約」して適切な名前をいろいろ提案してくれる。そこから、よさそうな名前を選べばいいんだよ。

名前をつけるって、要約と似てるのか。

質問例

 ユーザーの生年月日を保存するための変数名は何が適切ですか？

試しに聞いてみよう。出力形式を指定して、複数の案を出すようにしてみたよ。

会話例

 ユーザーの生年月日を保存するための変数名は何が適切ですか？　複数の案を出してください。

 ユーザーの生年月日を保存するための変数名として、以下のような案が考えられます：
1. birthdate
2. birth_date
3. user_birthdate
4. dob (Date Of Birthの略)
5. born_on
選択する変数名は、プログラムやプロジェクトの文脈に応じて、最も意味が伝わりやすいものを選ぶことが良いでしょう。

なるほど。いろんな名前が考えられるんだね。

データ構造を提案してもらう

実際にプログラミングをするときは、プログラムの部分だけを作るんじゃなくて、そのプログラムで使うデータも一緒に考えることが多い。「データをどのように作るか」は大事で、行いたい機能が実現できるかどうかや、処理速度を速くできるかはデータ構造と関係しているんだ。

データ構造って大事なのね。

ChatGPTは、さまざまなデータ構造やその利点・欠点も学習しているから、希望する処理や問題に適したデータ構造を提案することができるよ。

LESSON
11

質問例

 商品とその在庫数を効率的に管理するためのデータ構造は何が良いですか？

実際に、どんなデータ構造がいいのか聞いてみよう。

会話例

 商品とその在庫数を効率的に管理するためのデータ構造は何が良いですか？

 商品とその在庫数を効率的に管理するためのデータ構造としては、以下のような選択肢が考えられます：

1. 辞書 (Dictionary):

・例：`inventory = {"apple": 100, "banana": 50, "cherry": 30}`

・商品名をキーとして、在庫数を値として保存することができます。検索が高速であり、特定の商品の在庫をすぐに確認することができます。

2. クラスとオブジェクト:

・商品の属性や在庫数を管理する専用のクラスを作成し、それを元にオブジェクトを生成することで、より柔軟な管理が可能になります。

3. データベース:

・大量の商品や複雑な検索を伴う場合、データベースを使用して商品と在庫を管理することが効率的です。

最終的には、アプリケーションの要件やスケールに応じて最も適したデータ構造を選択することが重要です。

いろんな方法があるのね。方法を1種類しか知らないときとか、視野が広がりそう。

 ## ダミーデータを作成してもらう

 データ構造が決まってプログラムができても、それを動かすためにデータが必要になる場合がある。実際に使うデータがある場合でも、動作チェックのための、実験用のダミーデータが必要になったりする。このダミーデータをちゃんと作るのって面倒くさかったりするんだよね。

ダミーのデータ？

ChatGPTは、一般的なデータのパターンや形式を学習しているから、要求されたフォーマットや条件に基づいて、ダミーデータを生成することができるんだ。

ChatGPTって、「プログラムを作るとき」の始めから終わりまでずっと手伝ってくれるのね。

質問例

5人分の架空のユーザー情報（名前、年齢、メールアドレス）を生成してください。

試しにダミーデータを作ってもらおう。出力形式を指定して、CSV形式で生成してもらうようにしてみたよ。

会話例

5人分の架空の日本人ユーザー情報（名前、年齢、メールアドレス）をCSV形式で生成してください。

以下に5人分の架空の日本人ユーザー情報をCSV形式で示します。

```
名前,年齢,メールアドレス
佐藤太郎,28,taro.sato@example.com
鈴木花子,34,hanako.suzuki@example.com
高橋健二,45,kenji.takahashi@example.com
中村真理,22,mari.nakamura@example.com
山田純,31,jun.yamada@example.com
```

このデータは完全に架空のものであり、実際のユーザーやメールアドレスとは一切関係ありません。必要に応じてデータを変更または拡張して使用してください。

カンマ区切りのダミーデータができたよ。このままコピーするだけで使えるなんて便利ね。

LESSON

12

プログラムを修正するとき

ChatGPTは、「バグを修正するとき」や「コードを改善するとき」にも助けてくれます。どのように助けてくれるか見ていきましょう。

そしてプログラムを書き終わっても、そのあとエラーが出ないようにデバッグしたり、効率良く動くように修正したりしていくことが重要だ。そこで、「❸プログラムを修正するとき」の活用方法について見ていこう。

修正まで手伝ってくれるのね。

 エラーメッセージを解説してもらう

まず、「エラーが出たとき」にもすぐ助けてもらえるよ。表示されたエラーメッセージを渡すと、どういうエラーなのか解説してくれるんだ。ChatGPTは、一般的なエラーメッセージに対する説明や原因を提供することができるんだ。

質問例

Pythonで以下のエラーが出ました。この意味を教えて。

試しにわざと間違えたプログラムのエラーで試してみよう。

Pythonで以下のエラーが出ました。この意味を教えて。
###
IndentationError: expected an indented block after 'for' statement on line 2

 このエラーは、Pythonのインデント（字下げ）に問題があることを示しています。
2行目のfor文のあとに適切なインデントがなされていないことがわかります。

エラーが出たらあせっちゃうから、教えてもらえると助かるよ。

LESSON
12

 # エラーの修正方法を提案してもらう

 さらに、一般的なエラーなら修正方法も提案してもらえるんだ。さっきのエラーメッセージの意味を聞いたときのように修正方法を提案してくれることもあるんだけど、提案してくれなくても続けて聞いたら教えてくれるよ。ChatGPTは、エラーの内容や背景に基づき、具体的な修正の提案やアドバイスを行うことができるんだ。

修正方法まで教えてくれるのね。

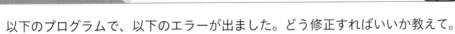 以下のプログラムで、以下のエラーが出ました。どう修正すればいいか教えて。

 プログラムとエラーメッセージを渡して説明してもらおう。区別しやすいように「###プログラム」「###エラー」という区切り記号で入力データを渡すよ。

以下のプログラムで、以下のエラーが出ました。どう修正すればいいか教えて。
###プログラム

```
import random
for i in range(10):
ans = random.randint(1, 6)
    print(f"結果: {ans}")
```

###エラー
IndentationError: expected an indented block after 'for' statement on line 2

 エラーの内容から、`for`文のあとに適切なインデントがなされていないことが原因として挙げられます。以下のように修正します。

```
import random
for i in range(10):
    ans = random.randint(1, 6)
    print(f"結果: {ans}")
```

このように、`for`文の下の行からコードブロックを開始する際に、適切なインデント（通常は4つのスペースや1つのタブ）を使ってください。

 どのように修正するかまで教えてくれるのね。

 プログラムのリファクタリングを提案してもらう

 プログラムが正しく動いて完成したあとも、プログラムを修正して効率良く動くように改善したり、プログラムを読みやすく整理したりすることがある。これを「リファクタリング」というんだ。

アプリをアップデートしたら、きびきびスピードアップしたみたいなこと？

そうそう、それだよ。ChatGPTは、効率的で読みやすいコードの書き方を知っているため、与えられたプログラムに対してリファクタリングを提案することが可能なんだ。

 以下のプログラムをもっと効率的に書く方法はありますか？

試しに、よくある合計を求めるプログラムを渡してみよう。

LESSON
12

 以下のプログラムをもっと効率的に書く方法はありますか？

```
###
numbers = [1, 2, 3, 4, 5]
total = 0
for number in numbers:
    total += number
print(total)
```

 はい、このプログラムはPythonの組み込み関数を使って、より短く効果的に書くことができます。以下がリファクタリング後のプログラムです：

```
numbers = [1, 2, 3, 4, 5]
print(sum(numbers))
```

こちらを使用すると、forループを使わずに直接リスト内の数値の合計を計算できます。

なんと！　たった2行になっちゃった。ChatGPTは、もの知りね。

ただし何度もいうようだけど、ChatGPTの提案はあくまで参考の1つとして使おう。提案は必ずしも正しいとは限らないからね。

LESSON

13

愚痴や不満を
聞いてほしいとき

プログラミングのストレスや困難に直面したとき、ChatGPT は良い聞き手となり得ます。感情的な支援の側面についても探ってみましょう。

 ## 愚痴や不満を聞いてもらう

 そしてこれが面白い使い方だけど、「❹愚痴や不満を聞いてほしいとき」にも活用できるんだ。ChatGPT は、プログラムの技術的なサポートだけじゃなく、心理的なサポートもできるんだよ。

どういうこと？

私たちは、悩み事や不満があるとき、誰かに話すだけで気分が少し楽になることがあるよね。でも、話したあとの、周りの人たちの反応や評価を気にしてしまうので、自由に話すというのはなかなか難しい。

なかなか話せないよね。

こういうとき、ChatGPT はとても役に立つよ。なぜなら、ChatGPT は人間のように感情や偏見を持たずに、真面目に愚痴や不満を聞いてくれるんだ。批判や判断をすることなく、ただ純粋にあなたの話を聞いてくれる。それだけで、胸の中にためていた感情をスッキリできることもあるんだよ。

「愚痴の聞き役」になってくれるのね。

しかも、365日24時間いつでも利用できるので、急に感情があふれ出てきたときや、夜中に誰かに話したいと思ったときでも、いつでも安心して愚痴や不満を話すことができるんだ。ただし重要なのは、ChatGPTは心理カウンセラーではないので、大きすぎる問題や複雑な感情に適切なアドバイスを行うことはできない。日常のストレスや仕事の愚痴などを話す手段として使うのがいいよ。

どんなことを聞いてくれるかな。

例えば、こんな愚痴を話せるよ。

愚痴・不満の例

 なんであの上司は毎回、最後の最後に仕様を変えてくるんだろう。

愚痴・不満の例

 また無理な期限を設定してきたよ。あいつは現場のことぜんぜんわかってないな。

愚痴・不満の例

 また夜中まで残業か…。家に帰る時間もないし、週末も仕事のことばっかり考えてる。こんなのダメだってわかってるんだけどな。

愚痴・不満の例

 今度の新人ミスばかりしてて、俺がフォローするハメになるんだよね。育成も大事だけど、自分の仕事がぜんぜん進まないよ。

試しに、こんな架空の不満を聞いてもらおう。

会話例

 クライアントの要求がキリがないんだよね。毎回毎回、こちらの助言を無視して、結局最初の仕様に戻ったりする。ひどいよね。

 それは本当に大変そうですね。要求が絶えず変わり、努力が無視されることは、誰もが経験するフラストレーションだと思います。しかし、その中での困難は、あなたをさらに成長させる糧となるはず。難しい状況でも、自分の価値観や信念をしっかり持ち、新しい視点や学びを大切にしてください。そして、疲れたときには少し休憩も必要。あなたのがんばりは、きっとどこかで評価されるときがくる。これからも、自分を信じて、前進してください。応援しています！

わ〜！ ChatGPTって。なんてやさしいの！

🌰 ほめてもらう

 また、「ほめてもらう」という活用方法もあるよ。

ChatGPTが？ わたしを？ ほめてくれるの？

 私たちは、自分の努力や成功を認められることで、自信が湧き上がり、さらなるモチベーションを得ることができる。だから、成果を上げたときやがんばったときに、「よくやった！」という言葉を聞くことは、心にとても大きな影響を与えるんだ。でも、実生活では、忙しさや周りの状況などで、自分のがんばりをほめてもらえることは多くないよね。

うんうん！

 そんなとき、ChatGPTはいいサポート役として活躍するよ。なぜなら、どんなにがんばったかを説明すれば、ChatGPTは感情や忙しさに左右されることなく、話を真面目に聞いてくれる。その努力をしっかりと評価して、ほめ言葉をくれるんだ。AIが出力した回答だとわかっていても、ほめてもらうとうれしいものだ。日々の小さな成功を祝うための、心温まる瞬間を作ることができるよ。例えば、こんな話を聞いてくれる。

ほめてもらいたい話の例

 先日、データベースの最適化に成功して、サーバーのコストを大幅に削減できたんだ。でも、こんな成果を出しても、チームにはほめる文化がないから、寂しい気持ちになるよ。

ほめてもらいたい話の例

 最近、めちゃくちゃ難しいバグを取り除いたんだ。ほんと何日も悩んで、夜遅くまで取り組んで、やっと解決できたんだよ。すごいと思わない？

 試しに、こんな話をしてみたよ。

LESSON
13

会話例

 先日、クライアントから急に短期間での変更要求がきたんだけど、無事に納期内に終わらせることができたよ。でも、誰もほめてくれないから、ちょっとほめてもらえるとうれしいな。

 お疲れ様でした！　急な変更要求にもかかわらず、納期内にしっかりと対応して完了させることができるなんて、本当にすごいことです！　あなたの技術力と努力、そして柔軟性には本当に感心しました。そんな状況下での成功は、誰もができることではありません。立派な達成ですね！　ほめられるに十分な実績ですよ！　次もがんばってくださいね！

こ、これは、うれしいね！　じゃあ、わたしもほめてもらおうっと。

会話例

 この前の試験、とても難しくてあきらめかけたんだけど、でもがんばって勉強したら、前回よりも点数が上がったんだよ。他の人と比べたらたいしたことないけど、自分ではよかったと思うんだけどな。ほめてほしいよ。

 すごいですね！　試験が難しい中、あきらめずにがんばって勉強した成果がしっかりと結果に表れていますね！　前回よりも点数が上がったのは、あなたの努力と持続力の証です。他の人と比べることなく、自分の成長を感じることが大切です。その努力と結果、確実に進歩しているあなたを心からほめたいです。本当によくがんばりました！

きゃー。泣いちゃいそう。わたし、これからもがんばるよ！

 この機能は、プログラミングに限らず、日常生活での愚痴を聞いてほしいときや、ほめてほしいときにも使えるね。

第4章
Pythonで ChatGPTを動かそう

フタバちゃん。
Pythonのプログラムで
ChatGPTを動かしてみたくない？

あ、ぜひ動かしてみたーい。

そうくると思って、
サンプルを用意したよ。

悩んでいるんだったら
ChatGPTに
相談してみる
ことも解決策かもよ。

わーい。
ありがとうー

って、
コ、コイツ
動かん……。

ぐぬぬ…

うん？　あ、ChatGPTを
プログラムで利用するには
OpenAIでAPIを利用する
手続きが必要なんだ。

API!?　最初は5ドル分は
無料で使える！
でも5ドル超えたら
有料になる〜！

5ドル分を使い切ったら、
クレジットを購入する
必要があるんだ。

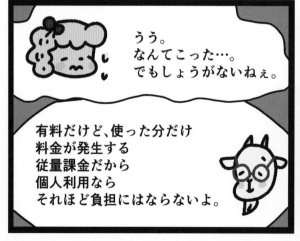

うう。
なんてこった…。
でもしょうがないねぇ。

有料だけど、使った分だけ
料金が発生する
従量課金だから
個人利用なら
それほど負担にはならないよ。

りょうーかい。
5ドル分を使い切ったら
登録しておこう。

ビシッ

準備できたら
実際にプログラムで
利用していこう！

あい！

この章でやること

OpenAI の API を使おう

OpenAI の API を利用するよ！

プログラムから ChatGPT を動かそう

プログラム：apitest1.py

```python
from openai import OpenAI

client = OpenAI(
    api_key = "<OpenAIのAPIキー>"
)

Q1 = "ChatGPTってなに？"

response = client.chat.completions.create(
    model = "gpt-3.5-turbo",
    messages = [
        {"role": "user","content": Q1}
    ]
)
print(response.choices[0].message.content)
```

こんな風に利用するんだね。

117

LESSON

14

Pythonをインストールして OpenAIのAPIを使おう

OpenAI の API を利用することで、ChatGPT を簡単にプログラムに組み込むことができます。設定方法と基本的な使い方を解説します。

これまで、ブラウザでChatGPTを使ってきたけど、Pythonのプログラムの中からChatGPTを利用することもできるんだよ。

PythonのプログラムからChatGPTと会話できるの？

そうなんだ。OpenAIが提供しているAPI（Application Programming Interface）を使えば、自分のプログラムやWebサイトや、アプリから直接ChatGPTとやりとりできるんだ。

でも、プログラムとやりとりする、ってどんなメリットがあるの？

いくつかのメリットがあるよ。プログラムからChatGPTを操作することで、自動的に質問を投げかけたり、独自のアプリを作れたり、ユーザーのニーズに合わせたサービスや機能を提供することにも利用できるんだ。

それって便利そう！　でも、APIの使い方って難しいのかな。

大丈夫。これから、PythonをインストールしてOpenAIのAPIの使い方を解説していくよ。

WindowsにPythonをインストールする方法

Python 3の最新版をWindowsにインストールしましょう。まずはMicrosoft Edgeで公式サイトにアクセスしてください。

＜Python公式サイトのダウンロードページ＞
https://www.python.org/downloads/

① インストーラーをダウンロードします

Pythonの公式サイトから、インストーラーをダウンロードします。

Windowsでダウンロードページにアクセスすると、自動的にWindows版のインストーラーが表示されます。❶ダウンロードボタンをクリックするとダウンロードが始まります。

> ダウンロードボタンに「3.12.0」と書かれている部分は更新されて最新版の数字に変わるよ。そのままボタンを押そう。

LESSON
14

② インストーラーを実行します

❶ダウンロードが完了して、Edgeに表示された［↓］ボタンをクリックすると、❷インストーラー［python-3.12.x-xxx.exe］が表示されます。これをクリックして、インストーラーを実行します。

③ インストーラーの項目をチェックします

インストーラーの起動画面が現れます。❶
[Add python.exe to PATH] にチェックを入れて
から、❷ [Install Now] ボタンをクリックします。

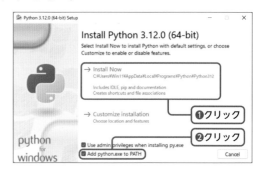

CAUTION この❶ [Add python.exe to PATH]
へのチェックはとても重要です。
❷ [Install Now] をクリックする
前に、必ずチェックが入っている
か確認しよう。

④ インストーラーを終了します

インストールが完了したら「Setup was
successful」と表示されます。これでPythonのイ
ンストールは完了です。❶ [Close] ボタンをク
リックして、インストーラーを終了しましょう。

🌰 macOSにPythonをインストールする方法

Python 3の最新版をmacOSにインストールしま
しょう。まずはWebブラウザで公式サイトにアク
セスしてください。

<Python公式サイトのダウンロードページ>
https://www.python.org/downloads/

① インストーラーをダウンロードします

まず、Pythonの公式サイトから、インストー
ラーをダウンロードします。

macOSでダウンロードページにアクセスす
ると、自動的にmacOS版のインストーラーが表
示されます。❶ [Download Python 3.12.x] ボ
タンをクリックしましょう。

② インストーラーを実行します

ダウンロードしたインストーラーを実行します。Safariの場合、❶ダウンロードボタンをクリックすると今ダウンロードしたファイルが表示されますので、❷[python-3.12.x-macosxx.pkg] をダブルクリックして実行します。

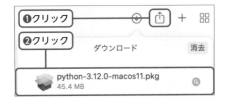

③ インストールを進めます

「はじめに」の画面で❶[続ける] ボタンをクリックします。
「大切な情報」の画面で❷[続ける] ボタンをクリックします。
「使用許諾契約」の画面で❸[続ける] ボタンをクリックします。
すると同意のダイアログが現れるので、❹[同意する] ボタンをクリックします。

LESSON
14

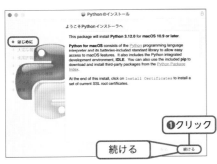

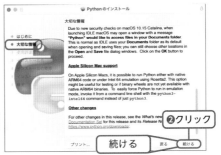

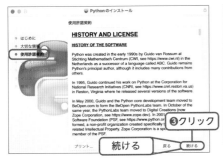

④ macOSへインストールします

「Pythonのインストール」ダイアログが現れるので❶［インストール］ボタンをクリックします。

すると「インストーラが新しいソフトウェアをインストールしようとしています。」というダイアログが現れるので、❷macOSのユーザ名とパスワードを入力して、❸［ソフトウェアをインストール］ボタンをクリックします。

❶クリック

いよいよ
インストールだね。

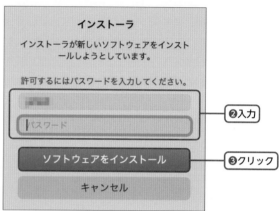

❷入力

❸クリック

⑤ インストーラーを終了します

しばらくすると、「インストールが完了しました。」と表示されます。これでPythonのインストールは完了です。❶［閉じる］ボタンをクリックして、インストーラーを終了しましょう。

❶クリック

APIキーを取得する

 OpenAIが提供するサービス（ChatGPTなど）をプログラムから利用するときには「APIキー」という「鍵」を使ってアクセスするんだ。だから最初に、APIキーを取得しよう。

「プログラムで利用するための鍵」を作るのね。

① OpenAIのサイトからログインする

まず、OpenAIの公式サイト（https://openai.com/）を開き、右上の❶［Log in］をクリックします。ログインするときに、「メールアドレス」と「パスワード」を求められた場合は、ChatGPTアカウントのものを入力してください。

ここから
ログインね！

LESSON
14

② 「API」のページを開く

「OpenAI」の❶［API］をクリックします。次に表示される画面で、左側のメニューから❷［API keys］をクリックします。

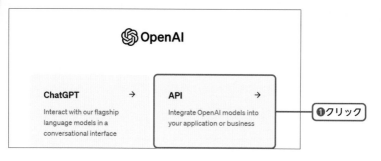

③ 初めてAPIキーを生成する際には電話認証を行う

初めてAPIキーを生成する時には「SMSを受け取れる電話番号（スマートフォンの電話番号）」で電話認証が必要になります（2023年12月現在）。❶「Start verification」をクリックします。表示された❷「Verify your phone number」に「スマートフォンの電話番号」を入力します。OpenAIから、スマートフォンに「あなたのOpenAI API 認証コード」が送られてくるので❸「Enter code」に認証コードを入力します。認証コードが正しければAPIを生成できるようになります。なお1つの電話番号を電話認証に使用できるのは3回までです。

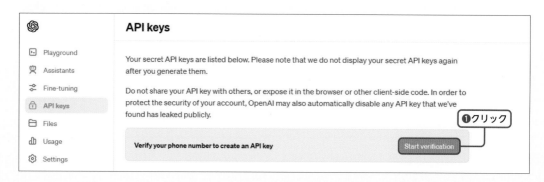

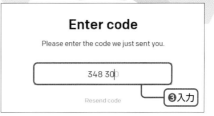

④ APIキーを作る

「API keys」のページが開くので、❶［+ Create new secret key］のボタンをクリックし、何用のKeyかを区別できるように名前をつけて、❷［Create secret key］をクリックします。Keyの名前は省略することもできます。

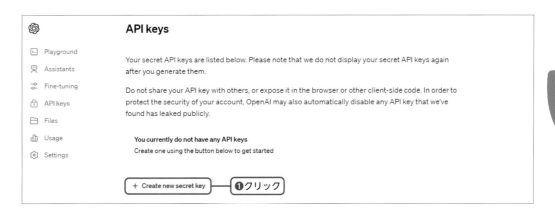

⑤ API keyをコピーして取得する

　すると、「Create new secret key」という、API keyのダイアログが表示されます。右の緑色の❶「コピーボタン」をクリックすると、API keyをコピーすることができます。今後、この「API key（プログラムで利用するための鍵）」を使ってプログラミングしていきます。大切ですので、他人に利用されないように、気をつけて保管してください。コピーしたら❷［Done］をクリックしてダイアログを閉じてください。

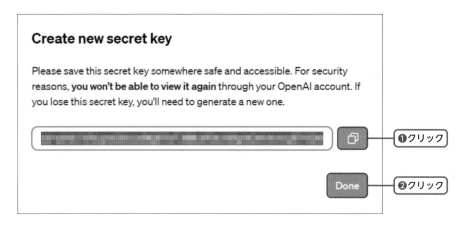

OpenAI APIの料金について

 OpenAIは、お試し用の「5ドル分の無料クレジット（2023年12月現在）」を提供していて、登録してからの最初の3カ月間は5ドル分は無料で使えるよ。

1ドルでどのくらい使えるんだろう。

 OpenAIのAPIの利用料金は、送信するテキスト量を「トークン」という単位で計算するよ。利用料金は1000トークンで0.002ドル（2023年12月現在）。英語は1単語がだいたい1トークンとして計算されるけれど、日本語は1文字が1 〜 3トークンとして計算されることが多いね。だから、1ドルで相当な量のテキストを処理できるんだ。

なるほど、わりとお得なんだね。

そうだね。ただ、最初の登録から3カ月が過ぎるか、5ドルの無料クレジットを使い切ると、無料での利用はできなくなるよ。その場合は、有料プランを利用することになる。OpenAI APIの有料プランは月額固定料金の形式ではなく、事前に使いたい分を支払い、その料金分使える方式だ。有料プランへ移行する場合の手順は、次の通りだよ。

有料プランへ移行する方法

① OpenAIのサイトからログインする

まず、OpenAIの公式サイト（https://openai.com/）を開き、❶［Log in］をクリックしてログインします。

ここから
ログインするよ！

② Billing settingsページを表示する

「OpenAI」の❶［API］をクリックし、左側のメニューの❷［Settings］をクリックして表示されるメニューから❸［Billing］をクリックします。

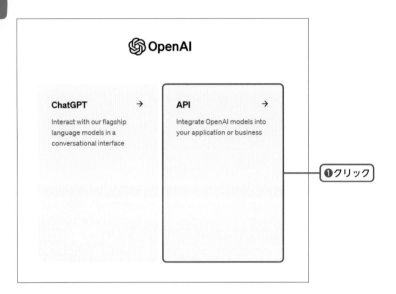

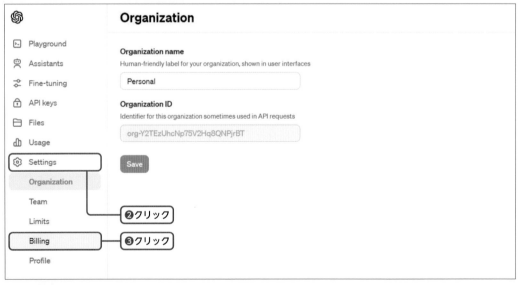

③ [Add payment details]をクリックする

❶ ［Add payment details］をクリックします。

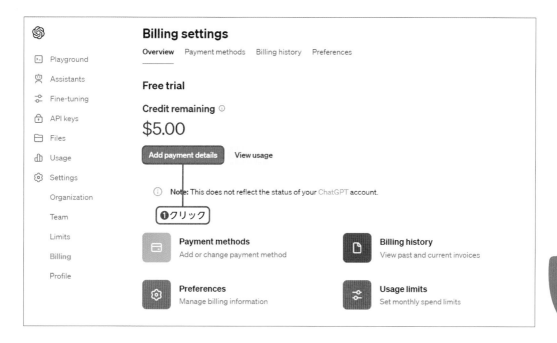

④ 個人か企業かを選ぶ

　「Individual（個人）」か「Company（企業）」かを聞いてきますので、個人利用なら❶「Individual」を選択します。

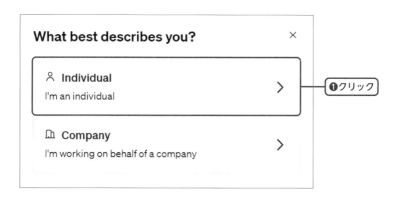

⑤ クレジットカード情報を入力する

❶「カード番号」や「住所」や「郵便番号」などを英語で入力して、❷［Continue］をクリックし、「successfully」と表示されたら完了です。

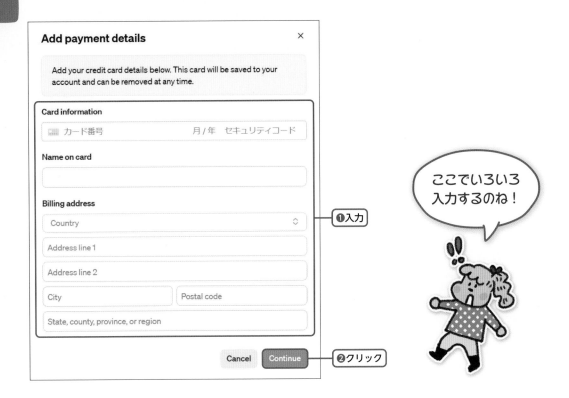

⑥ 初期の支払金額を設定する

❶［Initial credit purchase］に5～100ドルの間の支払金額を入力し、❷［Continue］をクリックします。

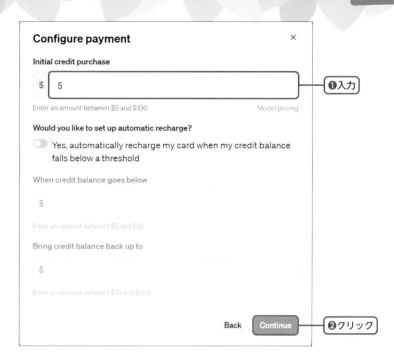

(7) 支払いを確定する

支払い内容を確認し、❶ [Confirm payment] をクリックします。❷「Payment successful!」が表示されれば無事課金されたことになります。

OpenAIライブラリのインストール

APIキーを取得できたら、OpenAIのAPIを自分のプログラムで使うことができるようになる。いろいろなプログラミング言語で使えるんだけれど、PythonにはOpenAIライブラリが用意されているので、これをインストールすれば簡単に使うことができるようになるよ。

簡単に使えるライブラリがあるのね。

OpenAIライブラリは、以下の手順でインストールしましょう。

OpenAIライブラリをインストールする:Windows

Windowsにライブラリをインストールするときは、コマンドプロンプトを使います。

① コマンドプロンプトを起動する

まず、コマンドプロンプトを起動します。

タスクバーにある❶［検索］をクリックして、❷検索窓に「cmd」と入力します。❸表示された［コマンドプロンプト］をクリックすると、コマンドプロンプトが起動します。

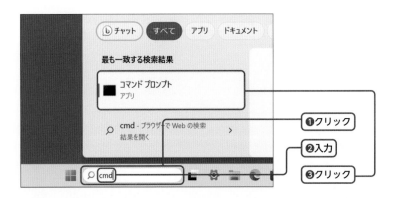

② インストールする

❶pipコマンドでインストールします。

書式

```
py -m pip install openai
```

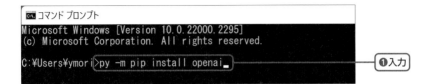

```
コマンド プロンプト
Microsoft Windows [Version 10.0.22000.2295]
(c) Microsoft Corporation. All rights reserved.

C:¥Users¥ymori>py -m pip install openai_
```
❶入力

OpenAIライブラリをインストールする:macOS

macOSにライブラリをインストールするときは、ターミナルを使います。

① ターミナルを起動する

［アプリケーション］フォルダの中の［ユーティリティ］フォルダにある❶ターミナル.appをダブルクリックしましょう。ターミナルが起動します。

❶ダブルクリック

ターミナル

LESSON
14

② インストールする

❶pipコマンドでインストールします。

書式

```
python3 -m pip install openai
```

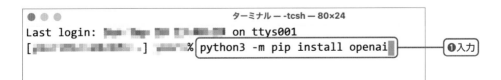

```
ターミナル — -tcsh — 80×24
Last login:           on ttys001
[           ]     % python3 -m pip install openai
```
❶入力

LESSON

15

Visual Studio Codeを使おう

たくさんの **Python** のプログラムを手軽に作ることができる **Visual Studio Code** のインストール方法と、使い方を学びましょう。

PythonをインストールしたときについてくるIDLEエディタは、プログラムを手軽に作ることができる。でも、プログラムファイルをたくさん作っていくならVisual Studio Code(ヴィジュアル・スタジオ・コード)のようなエディタをインストールして使うほうが作りやすくなるんだ。

ヴィジュアル・スタジオ・コード？

略してVSCodeともいったりするけど、ファイル操作がやりやすいんだ。無料でインストールできるよ。

ファイル操作？

まず最初にプログラムが入ったフォルダを選択しておく。そうすると、そのフォルダ内のたくさんのファイルをいちいち開かなくても、ファイル名をクリックするだけで切り替えられるんだ。新しいファイルもボタンを押すだけですぐ作れちゃう。

それは便利ねー。

では、インストール方法から説明していこう。

Windowsにインストールするとき

Windowsにインストールするときは、以下の手順で行ってください。

① 公式サイトからインストーラをダウンロードする

Visual Studio Codeの公式サイト(https://code.visualstudio.com/) にアクセスし、❶［Download for Windows］をクリックします。

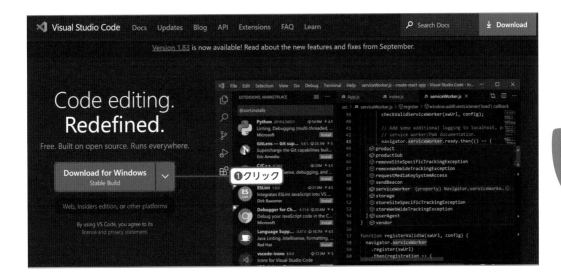

LESSON

15

② インストーラを起動する

ダウンロードしたインストーラを❶クリックして起動します。

※アプリはすぐアップデートされるので、バージョン番号などが多少違うことがあります。最新版をお使いください。

③ インストーラを実行する

「Microsoft Visual Studio Code(User)セットアップ」ウィザードが開いたら、❶「使用許諾契約書の同意」画面で「同意する」にチェックを入れて、❷［次へ］をクリックします。「追加タスクの選択」画面で❸「PATHへの追加（再起動後に使用可能）」にチェックが入っていることを確認して、❹［次へ］をクリックします。「インストール準備完了」画面で［インストール］をクリックしてインストールを進めるとインストールが完了します。完了したら❺［完了］をクリックします。

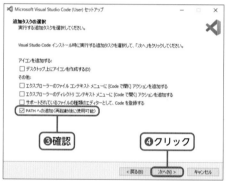

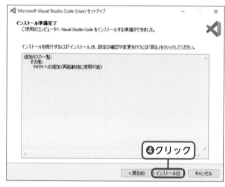
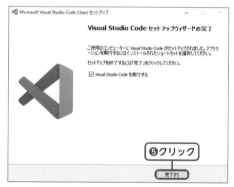

 # macOSにインストールするとき

macOSにインストールするときは、以下の手順で行ってください。

① 公式サイトからをインストーラをダウンロードする

Visual Studio Codeの公式サイト(https://code.visualstudio.com/) にアクセスし、❶［Download Mac Universal］をクリックします。

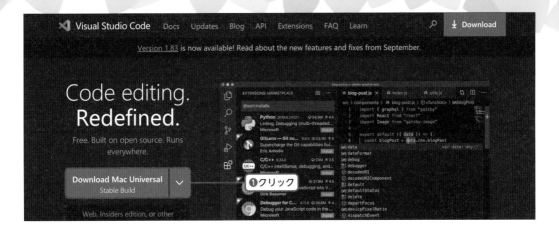

② Visual Studio Codeを解凍する

ダウンロードしたファイルを❶クリックして解凍すると、Visual Studio Codeが展開されるので、❷アプリケーションフォルダにドラッグ＆ドロップして使います。

🌰 Visual Studio Codeの初期設定

 Visual Studio Code(以降VSCode)のインストールができたら、次はPythonを使う設定をしよう。

あれ？　すぐに使えないの？

 VSCodeは、Pythonだけでなく、いろいろに使えるエディタなんだ。JavaScriptやJava、C#、Swift、PHPなどのプログラミング言語や、HTMLやCSS、Markdownなどにも使えるんだよ。

へぇ〜。なんでもできるのね。

でも、最初からなんでも使える状態にするとアプリが大きくなってしまうので、自分に必要なものだけを選んでインストールするんだよ。

配色テーマの設定

VSCodeが起動したら❶左側の歯車のアイコンをクリックして、❷［Theme］を選択して、❸［Color Theme］を選択します。開いた画面で❹［Dark(Visual Studio) Visual Studio Dark］を選択します。すると❺本書で利用する配色テーマになります。

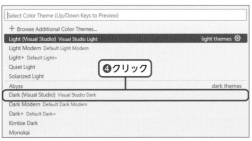

Python環境のインストール

① 拡張機能を開く

VSCodeを起動したら、左のサイドバーの❶「四角が四つあるアイコン（Extensions）」をクリックします。

② Python拡張機能をインストールする

上に表示されている検索ボックスに❶「Python」と入力し、Microsoftが提供する❷Python拡張機能をクリックして、❸［Install］をクリックします。

※すぐアップデートされるので、バージョン番号などが多少違うことがあります。最新版をお使いください。

③ 日本語環境をインストールする

上に表示されている検索ボックスに❶「japan」と入力し、❷「Japanese Language Pack for Visual Studio Code」をクリックして、❸［Install］をクリックします。右下に表示される❹［Change Language and Restart］をクリックすると表示が日本語化されます。

※すぐアップデートされるので、バージョン番号などが多少違うことがあります。最新版をお使いください。

VSCodeを再起動をすると日本語化されますが、もし日本語化されない場合は、❶メニューから❷［View］→❸［Command Palette］を選択して、表示される検索窓に❹「language」と入力します。表示された❺［Configure Display Language］をクリックして、❻［日本語（ja）］をクリックして、再起動します。

以降、本書ではVSCodeの画面の左右を縮めてハンバーガーアイコン（横の三本線）でメニューを表示します。通常表示では横にメニューが並びます。

🌰 Visual Studio Codeの使い方

それでは使ってみよう。まずはフォルダを作るところからだ。

フォルダを作るの？

これから作るPythonファイルを入れるフォルダだ。フォルダを作っておけば、ファイルの切り替えや実行がやりやすくなるんだよ。

① フォルダを作成

Windowsの場合は、エクスプローラーを開き、作業を行いたい場所（例：ドキュメント、デスクトップなど）に移動します。空きスペースを❶右クリックして、メニューから❷［新規作成］→❸［フォルダー］をクリックします。新しいフォルダー」が作成されますので、❹「フォルダー名を変更しましょう。例えば、「mypython」という名前に変更します。

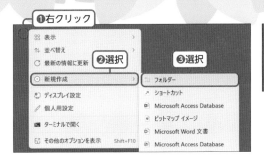

④名前変更

macOSの場合は、Finderを開き、作業を行いたい場所（例：ドキュメント、デスクトップなど）に移動します。空きスペースを❶右クリックして、メニューから❷［新規フォルダ］を選択します。「名称未設定フォルダ」が作成されますので、❸フォルダ名を変更しましょう。例えば、「mypython」という名前に変更します。

② VSCodeで「mypython」フォルダーを開く

VSCodeを起動し、❶メニューから❷［ファイル］→❸［フォルダーを開く］を選択し、先ほど作成した「mypython」フォルダを選択します。その時、「このフォルダー内のファイルの作成者を信頼しますか？」のダイアログが表示されますので❹［はい、作成者を信頼します］をクリックします。❺すると選択したフォルダが表示されます（小文字は大文字で表示されます）。

LESSON
15

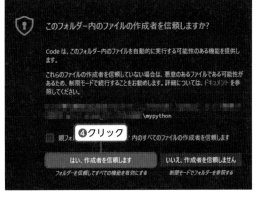

③ Pythonのバージョンを指定する

Pythonファイルを開くと、右下にPythonのバージョンが表示されます。LESSON 14でインストールしたPython 3.12.0になっているか確認してください。もしも違っていれば、❶Pythonのバージョンの部分をクリックして、画面上部の「インタープリターの選択」で❷「Python 3.12.0」を選択してください。

④ 新しいファイルを作成する

VSCode左側の上にある❶［新しいファイル］をクリックすると、新しいファイルが作成されます。このときファイル名の入力モードになっているので、❷「test.py」という名前をつけます。

⑤ プログラムを入力する

❶ファイル名をクリックすると、右側にファイルが表示されます。新規ファイルなので中身が空ですが、すでにプログラムが書かれたファイルをクリックすればそのファイルの中身が表示されます。ここにプログラムを入力します。例えば、❷「print("Hello")」と入力します。

⑥ プログラムを実行する

このプログラムを実行するのは、右上にある❶［Run Code］をクリックするだけです。実行すると、❷下のターミナルに「Hello」というメッセージが表示されます。

※結果だけが表示されるのではなく、長い文字列でいろいろな情報も表示されますが、それは「パソコン上のどのフォルダにあるファイルを実行したか」を表示しているものですので、気にしなくて大丈夫です。

Pythonのバージョンを変更したい場合

Pythonはパソコンの中に複数の違うバージョンをインストールすることができます。もし違うバージョンを使いたい場合は、❶このバージョンをクリックすると、VSCodeの上に「そのパソコンに入っているPythonのバージョンの一覧」が表示されます。もし右下にPythonのバージョンが表示されない場合は Ctrl + Shift + P キー（macOSの場合は Command + Shift + P キー）でコマンドパレットを開き、「select interprete」と入力してください。

❷使いたいバージョンを選択して切り替えることができます。

ChatGPT - Genie AI（ジニーエーアイ）

 ここまでで、「OpenAIのAPIキーを取得」して、「VSCodeをインストール」したから、せっかくなので面白い機能を追加してみよう。「ChatGPT - Genie（ジニー）AI」だ。

ジニー？　アラジンの魔法のランプみたいね。

 そうそう。そのジニーだよ。VSCodeでプログラミングをするとき、ランプの魔人みたいに願い事を叶えてくれるんだよ。

プログラミングの魔人なのね。

 サンプルプログラムを考えてくれたり、書いてあるプログラムを解説してくれたり、コメントを追加してくれたり、最適化してくれたりもするんだ。

なんだか、すっごーい。

 ChatGPTと連携していて、つまりその魔法を行うのがChatGPTなんだ。

これはぜひ、使い方を知りたいな。

① Genie AI拡張機能をインストールする

　VSCode左のサイドバーにある❶「四角が四つあるアイコン（Extensions）」をクリックし、上の検索ボックスに❷「chatGPT genie」と入力し、❸ChatGPT Genie AI拡張機能をクリックして、❹［インストール］をクリックします。

② Genie AIを開く

　VSCode左のサイドバーに現れた❶「ランプアイコン（Genie）」をクリックすると使えるようになります。例えば、❷下のチャットボックスに「1から10までの合計を計算して」と入力してみます。

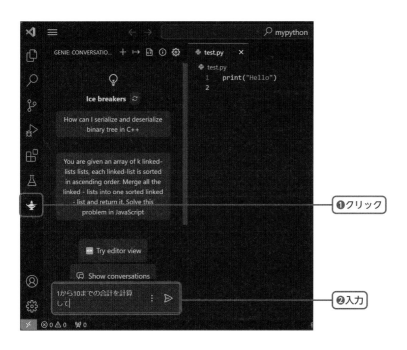

③ OpenAIのAPIキーを設定

　すると、「初回だけ」APIキーを聞いてきます。ここに、LESSON 14で取得した❶ OpenAIのAPIキーを入力して登録しましょう。これ以降、VSCodeのGenieからChatGPTを使うことができるようになります。今回は❷Pythonのサンプルプログラムが自動生成されました。

　もしAPIキーを間違えて再設定したいときは、メニューから［表示］→［コマンドパレット］を選択し、そこで［Genie: Clear API Key］を選択して、一度APIキーをクリアします。その後、Pythonのプログラムを1行選択してから右クリックして「Genie」→「Genie: Find bugs」を選択すると、再びAPIキーを聞いてくるので入力しましょう。

④ プログラムを入力する

　このプログラムを使ってみましょう。先ほどの「test.py」を選択してから、❶「ランプアイコン」をクリックすると左右に並んで表示されます。この状態で「Genie AI」が生成したプログラムの上の❷［>> Insert］をクリックします。すると、test.pyにそのプログラムが追加され、実行できるようになります。

⑤ ChatGPTでいろいろな処理をする

さらにこのプログラムをGenieで改良してみましょう。❶対象となるプログラムを選択してから、❷右クリックするとGenieにできるメニューが表示されます。❸「Genie:Optimize（最適化する）」を選択してみましょう。

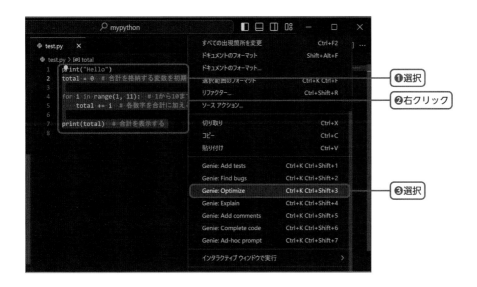

すると、このプログラムを最適化できるとしたらどのようなプログラムになるかを考えて表示してくれます。今回は2行に最適化できました。そして、❹［>> Insert］をクリックすると、選択中の部分が最適化されたプログラムに置き換わります。

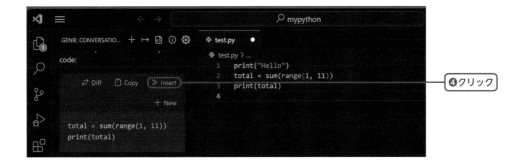

147

他にもいろいろな機能があります。

メニュー	機能
Genie: Add Tests	プログラムのテストプログラムを作る
Genie: Find bugs	プログラムのバグを見つける
Genie: Optimize	プログラムを最適化する
Genie: Explain	プログラムの説明をする
Genie: Add Comments	プログラムにコメントをつける
Genie: Complete code	未完成なプログラムを完成させる
Genie: Ad-hoc prompt	自分で設定したプロンプトを使う

ほんと、ジニーみたいにすごいね。

しかもランプの魔人は3つの願いしか聞けなかったけど、このジニーは何回でも願い事を聞いてくれる。ただし、無料クレジットがなくなったら使えなくなるから、ずっと使いたいなら有料プランが必要だね。

魔法の世界も課金制なのか。

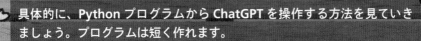

プログラムから ChatGPTを動かそう

具体的に、Python プログラムから ChatGPT を操作する方法を見ていきましょう。プログラムは短く作れます。

OpenAIライブラリのインストールができたら、Pythonでプログラムを作って動かしてみよう。

やった〜。

OpenAIライブラリをインポートして、「api_key」に取得したAPIキーを入れる。そして、「client.chat.completions.create」命令で質問を行うんだ。このとき、どのモデルを使うかを指定する。例えば、高速なChatGPT3.5を使うなら「model = "gpt-3.5-turbo"」と指定するんだ。

turboだって。早そう。

そして、入力するプロンプトを「messages = 」と指定するんだ。その書き方は以下の通りだよ。

 書式

```
from openai import OpenAI

client = OpenAI(
    openai.api_key = "<OpenAIのAPIキー>"
)
```

```
<回答> = client.chat.completions.create(
    model = "<モデルの種類>",
    messages = [<メッセージ>]
)
```

プログラムっていっても短いね。

ライブラリがいろいろやってくれるからね。これを使ってテストプログラムを作ってみよう。ChatGPT に「ChatGPT ってなに？」と質問をすると、回答を表示するよね。これと「同じ動きをするプログラム」を作ってみるよ。

「質問して、回答するプログラム」ね。

それが、以下のプログラムだ。入力して実行してみよう。「<OpenAIのAPIキー>」のところには、自分のAPIキーを入れるよ。

プログラム：apitest1.py

```python
from openai import OpenAI


client = OpenAI(
    api_key = "<OpenAIのAPIキー>"
)


Q1 = "ChatGPTってなに？"


response = client.chat.completions.create(
    model = "gpt-3.5-turbo",
    messages = [
        {"role": "user","content": Q1}
    ]
)
print(response.choices[0].message.content)
```

出力結果

> ChatGPTは、人工知能の言語モデルであり、OpenAIによって開発されました。ChatGPT
> は大規模なトレーニングデータセットを使用して訓練され、ユーザーとの対話に基づいて回
> 答や応答を生成することができます。・・・（略）

 わーい。プログラムからしゃべってくれたよ！

でも、答えが表示されるまで少し時間がかかったでしょ。

そうなの。実行してもしばらく止まってて、いきなりパッと表示され
たよ。ChatGPTのときは、文章を少しずつしゃべってくれたのにね。

 だからこのプログラムも、少しずつ表示するように修正してみよう。
「stream=True」というオプションを追加して、ChatGPTからの
回答を、「for chunk in stream:」を使って、少しずつ表示するよう
に修正するよ。そして、回答の終わりがわかりやすいように、最後に【終
了】と表示させるよ。

LESSON
16

プログラム：apitest2.py

```python
（…略…）
stream = client.chat.completions.create(
    model = "gpt-3.5-turbo",
    messages = [
        {"role": "user","content": Q1}
    ],
    stream=True
)
for chunk in stream:
    content = chunk.choices[0].delta.content or ""
    print(content, end="")
print("\n【終了】")
```

出力結果

ChatGPTは、オープンAIが開発した自然言語処理モデルです。GPTは"Generative Pre-trained Transformer"の略で、深層学習の技術であるトランスフォーマーを用いて、大量のテキストデータを学習しています。・・・(略)【終了】

返事が早くなった〜！　いつものChatGPTみたいに、少しずつしゃべってくれるね。この、考えながらしゃべってくれてる感じがいいんだよね。

プログラムの基本的な使い方は、これでほぼ終わりだよ。あとは、プロンプトをどう作るかを考えるだけだ。

ChatGPTのプログラムって難しいのかと思ったら、とても簡単なんだ。基本はプロンプトエンジニアリングなのね。

それもプログラムの形として埋め込んで、効率的に作ることができるんだ。メッセージのところに「"role": "user","content":」というのがあったよね。あのuserは、「ユーザーからの入力」という意味なんだ。

ユーザーからの質問だから、そうだよね。

あれは、user以外にも、以下の指定ができるんだ。例えば、systemを使うと、ChatGPTに役を与えることができるんだよ。

あ。役を与えるって、ロールプレイね。

そうなんだ。でも、文章中に役を与える方法よりも、明確に指示することができるんだ。

指定	何を書くか
user	ユーザーの質問や指示を書く
system	モデルの役割を書く
assistant	モデルからの回答を書く

systemを使って、ロールプレイをしてみよう。「あなたはプログラマーです。」という指示をしてみるよ。先ほどのプログラム(apitest2.py)の前半を、次のように修正して実行してみよう。

プログラム：apitest3.py

```python
from openai import OpenAI

client = OpenAI(
    api_key = "<OpenAIのAPIキー>"
)


role = "あなたは優れたプログラマーです。"
Q1 = "何が好きですか？"

stream = client.chat.completions.create(
    model = "gpt-3.5-turbo",
    messages = [
        {"role": "system", "content": role},
        {"role": "user", "content": Q1}
    ],
    stream=True
)
（…略…）
```

LESSON
16

出力結果

私はプログラミングが大好きです。新しい技術や言語を学ぶことや、問題解決のためのコードを書くことにとてもやりがいを感じます。また、プログラミングを通じて創造的なアイデアを実現することも楽しんでいます。【終了】

ほんとだ。「何が好きですか？」って聞いてるのに、プログラマーっぽい答えをしてるよ。

また、assistantを使うと、ChatGPTで会話の入力ができるよ。userでユーザーからの質問を、assistantでChatGPTの回答を、交互に書くことで会話の入力ができるんだ。

会話を入力してどうするの？

連続した会話のあとで、最終的な質問をすると、到達するまでの思考の流れが明確になって、情報の深掘りをすることができるんだ。

なんか、そういうのあったよね。なんだっけ。

Chain-of-Thought プロンプティングだよ。それを、メッセージの指定でできるんだ。先ほどのプログラムの7行目から、以下のように修正して実行してみよう。

プログラム：apitest4.py

```
（…略…）
role = "あなたは優れたプログラマーです。"
Q1 = "Pythonでのデータ解析のヒントを教えて。"
A1 = "pandasとNumPyを活用すると効果的です。"
Q2 = "データに欠損値があるときの処理方法は？"

stream = client.chat.completions.create(
    model = "gpt-3.5-turbo",
    messages = [
            {"role": "system", "content": role},
            {"role": "user", "content": Q1},
            {"role": "assistant", "content": A1},
            {"role": "user", "content": Q2},
    ],
    stream=True
)
（…略…）
```

出力結果

> データの欠損値を処理するためには、いくつかの方法があります。
> 1．欠損値を持つ行や列を削除する：`dropna()`メソッドを使用して、欠損値を含む行や列を削除することができます。
> 2．欠損値を特定の値で置き換える：`fillna()`メソッドを使用して、欠損値を特定の値（例えば0や平均値など）で置き換えることができます。
> ・・・（略）【終了】

会話までプログラムできちゃうんだね。

第5章
Pythonで翻訳アプリを作ろう

この章でやること

アプリのテンプレートを作る

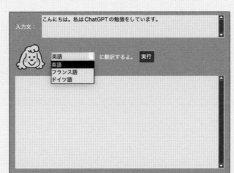

まずテンプレート
を作るよ

いろいろな
アプリができるのね！

Intro
duction

いろいろなアプリを作る

自動翻訳アプリ

自動プログラミングアプリ

LESSON

17

アプリのテンプレート：PySimpleGUI

アプリを簡単に作れる **PySimpleGUI** を利用して、シンプルなアプリのテンプレートを作成しましょう。

ねえねえ、ハカセ。プログラムからChatGPTを動かせるようになったのはいいんだけど、直接ChatGPTに質問してたほうが楽だったんじゃない？　わざわざプログラムから動かす意味がよくわかんないよ。

さっきのは、ChatGPTを動かす、ただのテストだったからだよ。プログラムでは、他の機能と組み合わせることで威力を発揮できるんだ。

他の機能と組み合わせるって、どういうこと？

例えば、パソコンのアプリやWebアプリに組み込むことで、自動的にユーザーの質問に答えたり、ユーザーと自然に会話できるインターフェースを作ったりすることができるんだ。また、データベースなどと連携して、特別な情報をユーザーに提供するといった使い方もできる。

そっか。ChatGPTをどんなプログラムに使うかで可能性が広がるのね。

そこで、比較的簡単に作れて、効果を体感できるようにアプリをいろいろ作ってみようと思うんだ。

アプリをいろいろ作るの？　楽しみ〜。

PySimpleGUIライブラリのインストール

 そこでまずは、Pythonでアプリを作る準備から始めるよ。シンプルにアプリを作れるライブラリとして、PySimpleGUIライブラリを使おうと思う。インストールしていない場合は、まずインストールをしよう。

PySimpleGUIライブラリは、以下の手順でインストールしましょう。

PySimpleGUIライブラリをインストールする：Windows

Windowsにライブラリをインストールするときは、コマンドプロンプトを使います。

① コマンドプロンプトを起動する

コマンドプロンプトを起動するには、タスクバーにある❶［検索］ボタンをクリックして、❷検索窓に「cmd」と入力します。❸表示された［コマンドプロンプト］をクリックすると、コマンドプロンプトが起動します。

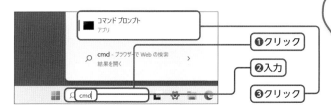

第4章でも紹介したね。

LESSON
17

CAUTION
2024年3月4日に、PySimpleGUI 5にアップデートされ、ライブラリの方針が変わりました。
PySimpleGUI 5でも使えますが、本誌ではライセンスキーが不要なPySimpleGUI 4のインストール方法で解説します。
以下は、PySimpleGUI 5を使いたい場合の解説です。
PySimpleGUI 5をインストールした場合は、30日間のトライアル版が使えます。「ライセンスキー」がないとそれ以降使えなくなりますが、ユーザー登録をしてライセンスキーを取得すれば使えます。プログラム実行時に表示される「TRIAL PERIOD」の文字をクリックすれば、ユーザー登録ページが開き、趣味で使う場合「Hobbyist」を選択すれば無料です（ライセンスキーは厳重に保管し、共有したり、ネットに公開したりしないようにしてください）。
取得したライセンスキーは、以下のプログラムで設定できます。

```
import PySimpleGUI as sg
sg.home()
```

実行すると、ホームダイアログが表示されます。ここで❶「License Key」のタブをクリックして、❷入力欄にライセンスキーをペーストしてから、❸「Install」ボタンをクリックすれば設定できます。

❶クリック
❷ライセンスキーをペースト
❸クリック

② PySimpleGUIライブラリをインストールする

❶pipコマンドでPySimpleGUIライブラリをインストールします。

書式

```
py -m pip install pysimplegui==4.60.3
```

```
■ コマンド プロンプト
Microsoft Windows [Version 10.0.22000.2538]
(c) Microsoft Corporation. All rights reserved.

C:¥Users¥ymori>py -m pip install pysimplegui==4.60.3
```
❶入力

PySimpleGUIライブラリをインストールする:macOS

macOSにPySimpleGUIライブラリをインストールするときは、ターミナルを使います。

① ターミナルを起動する

［アプリケーション］フォルダの中の［ユーティリティ］フォルダにある❶ターミナル.appを
ダブルクリックしましょう。ターミナルが起動します。

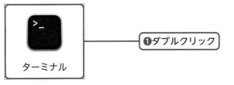
ターミナル　❶ダブルクリック

② PySimpleGUIライブラリをインストールする

❶pipコマンドでPySimpleGUIライブラリをインストールします。

書式

```
python3 -m pip install pysimplegui==4.60.3
```

```
● ● ●                    ターミナル ー -tcsh ー 80×24
Last login: Wed Mar  6 14:35:07 on ttys059
[                 ]     %python3 -m pip install pysimplegui==4.60.3
```

❶入力

③ アプリ用の画像を作業フォルダに移動する

　付属データのダウンロードサイトからダウンロードしたfutaba.pngを作業フォルダの「mypython」に入れます。

 テンプレートアプリの制作

これからPySimpleGUIを使って、「ChatGPTが答えてくれるアプリ」をいろいろ作ってみようと思うんだけど、ただ質問を入力して、回答するだけだったら、ブラウザ上からChatGPTで質問してるのと同じだよね。だから、いろいろ「モード切り替え」ができるようにしようと思うんだ。

モード切り替え？

例えば、「翻訳するアプリ」を作ることを考えてみよう。「質問を入力して、回答するアプリ」だったら、文章を入れる「入力欄」と「実行ボタン」と、結果が表示される「出力欄」があればできる。

そうか。ボタンもいるね。

そこに、モード切り替えをする「コンボボックス（ドロップダウンメニュー）」を追加する。例えば、メニューの「英語、フランス語、ドイツ語」などがあってそこから選ぶと、違う言語で翻訳できるというわけだ。

LESSON
17

それは面白そう。いろいろ試したくなっちゃう。

このフォーマットは便利なので、プロンプトや選択内容を変えて、いろいろなアプリを作ろうと思うんだ。だからまず、このフォーマットのテンプレートアプリを作って、これを改造していくよ。

骨組みになるアプリを作るのね。

テンプレートには、「言語を選ぶコンボボックス」と「入力欄」と「実行ボタン」と「出力欄」がある。そして「実行ボタン」を押すと、「出力欄」に『以下の文章を（コンボボックスで選択された言語名）に翻訳してください。###（入力欄の文章）』と表示されるんだ。

テスト用のアプリね。

誰かと会話をしている雰囲気を出すために、フタバちゃんの画像も表示させよう。フタバちゃんの画像は、p.10のダウンロードサイトからサンプルファイルをダウンロードしてプログラムと同じフォルダに入れてね。

わたしが翻訳してるみたいになっちゃうね。

そのプログラムは以下の通りだ。入力して、実行してみよう。

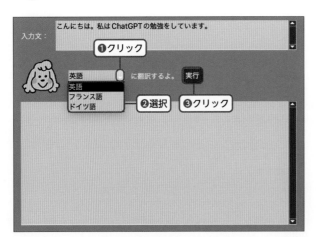

言語をいろいろ選べるのね！

プログラム：app0.py

```python
import PySimpleGUI as sg
sg.theme("DarkBrown3")


selects = ["英語", "フランス語", "ドイツ語"]
layout = [[sg.T("入力文："),
            sg.ML("こんにちは。私はChatGPTの勉強をしています。", ↵
s=(50,3), k="in")],
          [sg.Im("futaba.png"),
            sg.Combo(selects, default_value = selects[0], ↵
s=(10), k="cb"),
            sg.T("に翻訳するよ。"),
            sg.B("実行", k="btn")],
          [sg.ML(k="txt", font=(None,14), s=(60,13))]]
win = sg.Window("アプリテスト", layout,
                font=(None,14), size=(550,400))

def execute():
    prompt = f"以下の文章を{v['cb']}に翻訳してください。\n###{v['in']}"
    win["txt"].update(prompt)

while True:
    e, v = win.read()
    if e == "btn":
        execute()
    if e == None:
        break
win.close()
```

このプログラムを簡単に解説します。

```python
import PySimpleGUI as sg
sg.theme("DarkBrown3")
```

最初に、PySimpleGUIライブラリをインポートして、カラーテーマを設定します。

```
selects = ["英語", "フランス語", "ドイツ語"]
```

コンボボックスで使う選択肢のリストを用意しています。

```
layout = [[sg.T("入力文："),
            sg.ML("こんにちは。私はChatGPTの勉強をしています。", ↵
s=(50,3), k="in")],
          [sg.Im("futaba.png"),
            sg.Combo(selects, default_value = selects[0], ↵
s=(10), k="cb"),
            sg.T("に翻訳するよ。"),
            sg.B("実行", k="btn")],
          [sg.ML(k="txt", font=(None,14), s=(60,13))]]
```

layout変数に、アプリの画面レイアウトをリストで作って入れています。

　1～2行目に入る部品は、"入力文："というテキスト「sg.T()」と入力欄の「sg.ML()」です。

　3～6行目は、フタバちゃんの画像の「sg.Im()」と、コンボボックスの「sg.Combo()」と、"に翻訳するよ"というテキスト「sg.T()」と、実行ボタン「sg.B()」です。

　7行目は、出力欄の「sg.ML()」です。

　layout変数のリスト内で並んでいる順に、画面で上から順番に並んでいきますが、リストの中のリストに複数部品がある場合は、横に並ぶので、これで縦横のレイアウトを決めます。

```
win = sg.Window("アプリテスト", layout,
                font=(None,14), size=(550,400))
```

　アプリのウィンドウを作っています。layoutデータを使って、画面のレイアウトを作り、フォントサイズは14、ウィンドウサイズは550×400で作ります。

```
def execute():
    prompt = f"以下の文章を{v['cb']}に翻訳してください。\n###{v['in']}"
    win["txt"].update(prompt)
```

　実行ボタンが押されたときに、実行する関数です。関数が呼ばれたら、コンボボックスで選択された内容「v['cb']」と、入力欄の文字列「v['in']」を使って、プロンプトのテキストデータを作ります。

```
while True:
    e, v = win.read()
    if e == "btn":
        execute()
    if e == None:
        break
win.close()
```

　これがアプリのメインループです。実行ボタンが押されたら「execute()」を実行し、閉じるボタンが押されたらメインループを終了して、ウィンドウを閉じます。

　OpenAIのAPIで使うためのアプリなので、簡単に解説しました。アプリの作り方についてもっと詳しく知りたい場合は『Python2年生 デスクトップアプリ開発のしくみ』（翔泳社）を参考にしてください。

出力結果

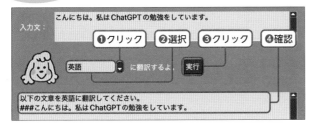

アプリが立ち上がった！

アプリが動いた〜。実行ボタンを押すと、ChatGPTのプロンプトみたいなのが表示されたよ。

LESSON 17

まさにそうだよ。このテンプレートアプリでは、実行ボタンを押して「指示したプロンプトが作られるか」をテストしているんだ。次は、このプロンプトをOpenAIのAPIで使うよ。

　もし、「Your Window has an Image Element with a problem」のメッセージが表示された場合はfutaba.pngがないためです。「Kil Application」ボタンをクリックして終了し、futaba.pngを作業フォルダの「mypython」に入れてください。

※ Windows の画面

LESSON

18

自動翻訳アプリ

「アプリのテンプレート」と「OpenAI の API」を使って自然言語を翻訳するアプリを作りましょう。

それではテンプレートを使って、「自動翻訳アプリ」を作ってみよう。このアプリでは、以下のようなプロンプトを使うよ。

プロンプト

以下の文章を ●● に翻訳してください。\n###■■

●●や■■ってなに?

■■には入力欄の「元の文章」、●●にはコンボボックスで選んだ「翻訳する言語」を入れて、プロンプトを作成しようと思うんだ。「\n」は改行文字だよ。

選べる言語はどんなのがあるの?

「英語、フランス語、ドイツ語、スペイン語、ロシア語、中国語、韓国語、日本語」などから選べるようにしようかな。

すご～い。何カ国語あるの!?

まだまだいろいろ増やせるよ。以下のプログラムを入力して、実行してみよう。<OpenAIのAPIキー>には自分のAPIキーを入れてね。

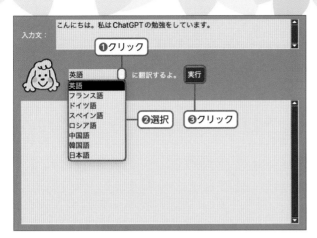

言語を選ぶのね

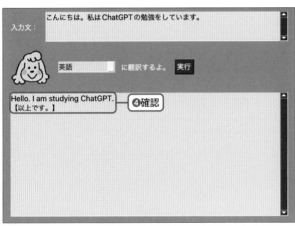

翻訳されたね！

LESSON
18

プログラム：app1.py

```python
from openai import OpenAI
import PySimpleGUI as sg
sg.theme("DarkBrown3")

client = OpenAI(
    api_key = "<OpenAIのAPIキー>"
)

selects = ["英語", "フランス語", "ドイツ語", "スペイン語", "ロシア語", ↵
"中国語", "韓国語", "日本語"]
layout = [[sg.T("入力文："),
            sg.ML("こんにちは。私はChatGPTの勉強をしています。", ↵
s=(50,3), k="in")],
```

```python
        [sg.Im("futaba.png"),
            sg.Combo(selects, default_value = selects[0], ↵
 s=(10), k="cb"),
            sg.T("に翻訳するよ。"),
            sg.B("実行", k="btn")],
            [sg.ML(k="txt", font=(None,14), s=(60,13))]]
win = sg.Window("自動翻訳", layout,
                font=(None,14), size=(550,400))

def execute():
    prompt = f"以下の文章を{v['cb']}に翻訳してください。\n###{v['in']}"

    stream = client.chat.completions.create(
        model = "gpt-3.5-turbo",
        messages = [
            {"role": "user","content": prompt}
        ],
        stream=True
    )


    win["txt"].update("")
    for chunk in stream:
        content = chunk.choices[0].delta.content or ""
        win["txt"].update(content, append=True)
        win.read(timeout=0)
    win["txt"].update("\n【以上です。】", append=True)

while True:
    e, v = win.read()
    if e == "btn":
        execute()
    if e == None:
        break
win.close()
```

出力結果 英語

```
Hello. I am studying ChatGPT.
【以上です。】
```

出力結果 フランス語

```
Bonjour. Je suis en train d'étudier ChatGPT.
【以上です。】
```

出力結果 中国語

```
你好。我正在学习ChatGPT。
【以上です。】
```

出力結果 韓国語

```
안녕하세요. 저는 ChatGPT 공부를 하고 있습니다.
【以上です。】
```

いろんな翻訳ができちゃうね。

LESSON
18

 本当にちゃんと翻訳できてるか確認したくなるよね。

うん。知らない言語だとちゃんと翻訳できてるのかな？　って思っちゃうよ。

 そういうときは、その翻訳をコピーして、それを入力文の欄にペーストして、今度は日本語に翻訳させたら、正しく翻訳できたかを確認できるよ。

なるほど。少し変わったけど、元の文章の意味に戻ったよ。ちゃんと翻訳できてるんだね。

LESSON
19

自動プログラミング
アプリ

「自然言語翻訳アプリ」を少し変更して、「プログラムを自動で作るアプリ」
を作ってみましょう。

この翻訳アプリを修正して「自動プログラミングアプリ」を作ること
ができるよ。ある処理をプログラムに翻訳することをプログラミング
と考えることもできるからね。

コンピュータの言葉に翻訳するのね。

以下のプロンプトを使おう。

 プロンプト

以下の処理を　●●　のプログラムで書いてください。 \n###■■

翻訳と似てるね。

■■には入力欄の「どんな処理をするかの文章」、●●には選んだ「プロ
グラミング言語」を入れて、プロンプトを作成するんだ。選べる言語は
「Python、Java、JavaScript、C++、C#、Swift、Visual Basic」
などにしよう。

いろいろあるね。

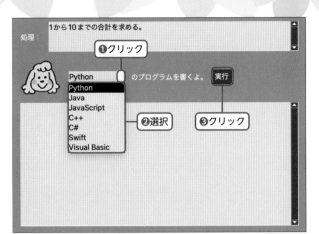

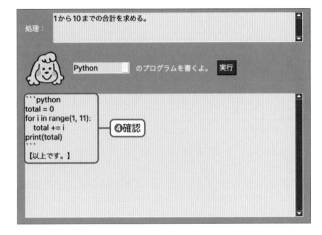

プログラミング
言語を選択
できる！

プログラムが
できたね！

プログラミング言語の種類はいろいろあるよ。プログラムを入力して、実行してみよう。それから、次の章で作るプログラムもプロンプトが違うぐらいで基本的に同じ構造のプログラムだ。だから、次の章ではこのプログラムをコピーして、修正して作っていくよ。

プログラム：app2.py

```python
from openai import OpenAI
import PySimpleGUI as sg
sg.theme("DarkBrown3")


client = OpenAI(
    api_key = "<OpenAIのAPIキー>"
)


selects = ["Python", "Java", "JavaScript", "C++", "C#", ⏎
"Swift", "Visual Basic"]
layout = [[sg.T("処理："),
            sg.ML("1から10までの合計を求める。", s=(50,3), k="in")],
          [sg.Im("futaba.png"),
            sg.Combo(selects, default_value = selects[0], s=(10), ⏎
k="cb"),
            sg.T("のプログラムを書くよ。"),
            sg.B("実行", k="btn")],
          [sg.ML(k="txt", font=(None,14), s=(60,13))]]
win = sg.Window("自動プログラミング", layout,
                font=(None,14), size=(550,400))


def execute():
    prompt = f"以下の処理を{v['cb']}のプログラムで書いてください。\ ⏎
n###{v['in']}"


    stream = client.chat.completions.create(
        model = "gpt-3.5-turbo",
        messages = [
            {"role": "user","content": prompt}
        ],
        stream=True
    )


    win["txt"].update("")


    for chunk in stream:
```

```
        content = chunk.choices[0].delta.content or ""
        win["txt"].update(content, append=True)
        win.read(timeout=0)
    win["txt"].update("\n【以上です。】", append=True)


while True:
    e, v = win.read()
    if e == "btn":
        execute()
    if e == None:
        break
win.close()
```

出力結果 Python

```Python
total = 0
for i in range(1, 11):
    total += i
print(total)
```
　【以上です。】

出力結果 JavaScript

```javascript
let sum = 0;
for (let i = 1; i <= 10; i++) {
  sum += i;
}
console.log(sum);
```
　【以上です。】

出力結果　C#

```csharp
using System;
class Program
{
    static void Main(string[] args)
    {
        int sum = 0;
        for (int i = 1; i <= 10; i++)
        {
            sum += i;
        }
        Console.WriteLine("1から10までの合計は " + sum + " です。");
    }
}
```
【以上です。】

出力結果　Visual Basic

```vb
Dim total As Integer = 0
For i As Integer = 1 To 10
    total += i
Next
Console.WriteLine("1から10までの合計: " & total)
`
```
【以上です。】

同じ処理なのに、プログラミング言語によって書き方が違うのね。

「ちょっとした定番の書き方」なら一般的な知識なのでけっこう使えるプログラムが出てくるよ。でも、複雑すぎる要求や、最新技術などにはうまく対応できないから気をつけよう。

第6章
Pythonで便利なアプリを作ろう

いろいろな面白いアプリを
作ってみよう!

いえっさー!

(^o^)

よーし。ここでは
さらにいろんなアプリを
作っていくよ！

お、おー！
（あれ、ハカセ
キャラが変わってる）

文章校正アプリ、
文体・文調変換アプリ、
メール調整アプリ、
昔話自動生成アプリ、
ゲームのストーリー
生成アプリ、
プログラムのトリビア
生成アプリ、どや！

おおおお。
すごい！！

ふー。

大丈夫？

ごめんごめん。
久々に気合が入って、
若いころに戻ったよ。

そ、そうなんだ
（若いころはやんちゃ
だったのかーい）。

いろいろアプリを作るけど
どれも短いプログラムで
できるんだ。

すごい！

では、はりきって
作っていこー！

は〜い
（キャラがまた
変わったか…）。

この章でやること

文章校正アプリ

役立つ！

使える！

文体・文調変換アプリ

便利！

メール調整アプリ

昔話自動生成アプリ

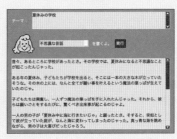

面白い！

LESSON

20

文章校正アプリ

「アプリのテンプレート」と「OpenAI の API」を使って「文章を校正するアプリ」を作ってみましょう。

172 〜 173ページのプログラムapp2.pyからさらにプロンプトを変えたり、少し修正したりするだけでもっといろいろなアプリを作れるよ。次は、文章作成に便利なアプリを作ってみよう。

プロンプトを変えるだけで違うアプリになるなんて不思議ね。

まずは、「文章校正アプリ」を作ってみよう。文章を書いたあと、誤字脱字をチェックしたり、わかりにくい表現を直したりできるアプリだ。

わたし、うっかりミスをよくするからこれは欲しいな。

以下のプロンプトを使うよ。

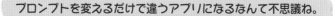

プロンプト

以下の文章の　●●　を調べて、修正してください。\n###■■

■■には入力欄の「校正する文章」を、●●には選んだ「修正方法」を入れて、プロンプトを作成するんだ。選べる修正方法は「誤字脱字、わかりにくい表現」などにするよ。

今回は選べる種類が少ないね。

試したんだけど、実はChatGPTがとてもうまく修正してくれるので、修正方法を分ける必要があんまりなかったんだ。

「うまく修正されなかった」じゃなくて「うまく修正してくれちゃった」のね。

だから、違いが出そうな「誤字脱字だけ修正してほしいとき」と「わかりにくい表現を修正してほしいとき」の2種類だよ。第5章のLESSON19で作ったapp2.pyをコピーして、プログラムの9行目の「selects ＝」の文から「prompt ＝」の文までを以下のように修正して、実行してみよう。

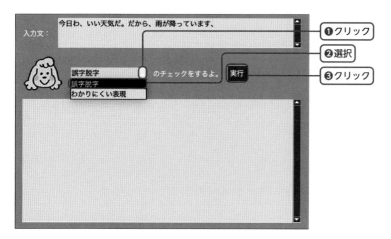

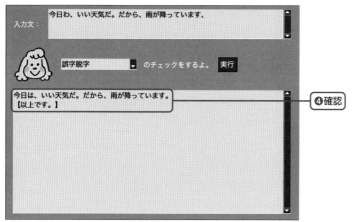

LESSON
20

プログラム：app3.py

（…略…）

```
selects = ["誤字脱字", "わかりにくい表現"]
layout = [[sg.T("入力文："),
              sg.ML("今日わ、いい天気だ。だから、雨が降っています、",↵
s=(50,3), k="in")],
             [sg.Im("futaba.png"),
              sg.Combo(selects, default_value = selects[0],↵
s=(14), k="cb"),
              sg.T("のチェックをするよ。"),
              sg.B("実行", k="btn")],
             [sg.ML(k="txt", font=(None,14), s=(60,13))]]
win = sg.Window("誤字脱字チェック", layout,
                  font=(None,14), size=(550,400))


def execute():
    prompt = f"以下の文章の{v['cb']}を調べて、修正してください。\n↵
###{v['in']}"
 (…略…)
```

出力結果 誤字脱字

> 今日は、いい天気だ。だから、雨が降っています。
> 【以上です。】

「今日は」は修正されてる。でも、「いい天気だ。だから、雨が降る」って変な文章ね。

じゃあ次はチェックするのを「誤字脱字」から「わかりにくい表現」に切り替えてみよう。

出力結果 わかりにくい表現

> 今日はいい天気だといいたかったのに、なぜか雨が降っています。
> 【以上です。】

今度は、「いい天気だ。だから、雨が降る」っていうおかしな表現を、うまく修正してくれたよ。かしこいねー。

文体・文調変換アプリ

「アプリのテンプレート」と「OpenAI の API」を使って「文体や文調を変換するアプリ」を作ってみましょう。

次は、「文体・文調変換アプリ」を作ってみよう。

文体？　文調？

文体とは、「です・ます調」や「だ・である調」といった文章の終止形の違いや「間接的表現」や「文学的表現」といった表現形式の違いのことだ。これを変換できるようにするよ。

じゃあ、文調は？

文調とは、文章が持つ態度や、雰囲気などのことだ。違いがわかりやすいように、「江戸時代風」や「女子高生風」や「大阪弁」などの変換をしてみよう。以下のプロンプトを使うよ。

プロンプト

以下の文章を　●●　に変換ください。\n###■■

シンプルだね。

■■には入力欄の「変換する文章」を、●●には選んだ「文体や文調」を入れて、プロンプトを作成するよ。

今回も面白そうね。

app2.pyをコピーして、プログラムの9行目の「selects ＝」の文から「prompt ＝」の文までを次のように修正して、実行してみよう。

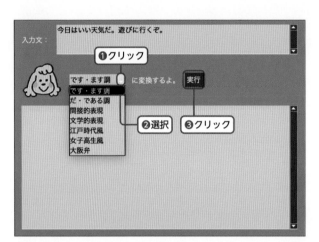

いろいろな表現が選べるね。

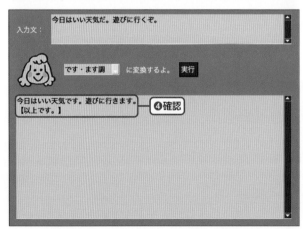

です・ます調になってるね。

プログラム：app4.py

```
(…略…)
selects = ["です・ます調", "だ・である調", "間接的表現", "文学的表現",↵
"江戸時代風", "女子高生風", "大阪弁"]
layout = [[sg.T("入力文："),
            sg.ML("今日はいい天気だ。遊びに行くぞ。", s=(50,3), k="in")],
          [sg.Im("futaba.png"),
           sg.Combo(selects, default_value = selects[0],↵
s=(10), k="cb"),
           sg.T("に変換するよ。"),
           sg.B("実行", k="btn")],
          [sg.ML(k="txt", font=(None,14), s=(60,13))]]
win = sg.Window("文体・文調変換", layout,
                font=(None,14), size=(550,400))

def execute():
    prompt = f"以下の文章を{v['cb']}に変換してください。\n###{v['in']}"
(…略…)
```

出力結果 です・ます調

> 今日はいい天気です。遊びに行きます。
> 【以上です。】

出力結果 だ・である調

> 今日はいい天気である。遊びに行くぞ。
> 【以上です。】

LESSON 21

出力結果 間接的表現

> 今日の天気がいいので、遊びに行くことになります。
> 【以上です。】

出力結果 文学的表現

この日は、素晴らしい天候を迎えていた。自然に誘われるように、我々は遊びへの心を躍らせた。
【以上です。】

出力結果 江戸時代風

本日は絶好の晴天にあり候。娯楽に遊びに出かけんと欲せん。
【以上です。】

出力結果 女子高生風

今日はめっちゃいいお天気〜！遊びに行こー！！（≧▽≦）
【以上です。】

出力結果 大阪弁

ほんまに今日はええてんきやな。遊びに行こか。
【以上です。】

もともとは、「今日はいい天気だ。遊びに行くぞ。」だったのに、こんなに違う文章に変わるのね。もっといろいろな文章を変換してみたくなったよ。

メール調整アプリ

「アプリのテンプレート」と「OpenAI の API」を使って「メールの内容を最適化するアプリ」を作ってみましょう。

次は文調変換と似ているけれど、「メール調整アプリ」だ

メールの調整ってなに？

友だちにメールするときはなにも考えずにできるのに、偉い人向けのメールって難しくないかい？

すっごく苦手。なんていえばいいのかすごく悩むのよ。

そういうときのためのアプリだ。「メールの文章」と「誰宛てなのか」を指示したら、その人宛ての文章に書き直してくれるんだ。

それは欲しい！

以下のプロンプトを使うよ。

プロンプト

以下のメールを ●● に変換ください。\n###■■

さっきとそっくりだね。

■■には入力欄の「メールの文章」を、●●には選んだ「宛先」を入れて、プロンプトを作成するんだ。app2.pyをコピーして、プログラムの9行目の「selects ＝」の文から「prompt ＝」の文までを次のように修正して、実行してみよう。

いろいろな宛先のテンプレートがあるね。

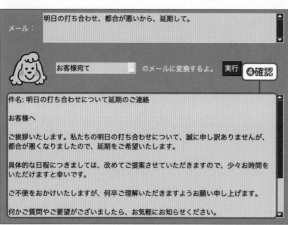

メールができたね。

プログラム：app5.py

```
(…略…)
selects = ["お客様宛て", "学校の先生宛て", "親しい友人宛て", "親しくない↵
友人宛て"]
layout = [[sg.T("メール："),
          sg.ML("明日の打ち合わせ、都合が悪いから、延期して。", s=(50,3),↵
k="in")],
          [sg.Im("futaba.png"),
          sg.Combo(selects, default_value = selects[0],↵
s=(15), k="cb"),
          sg.T("のメールに変換するよ。"),
          sg.B("実行", k="btn")],
          [sg.ML(k="txt", font=(None,14), s=(60,13))]]
win = sg.Window("メールの文調変換", layout,
              font=(None,14), size=(550,400))

def execute():
    prompt = f"以下のメールを{v['cb']}に変換してください。\n↵
###{v['in']}"
(…略…)
```

出力結果　　お客様宛て

件名： 明日の打ち合わせ延期のご連絡

お客様へ

いつもお世話になっております。私たちの打ち合わせについて、ご連絡申し上げます。
誠に申し訳ございませんが、明日の打ち合わせにつきまして、私の都合が悪くなりましたの
で、延期をご提案させていただきたく存じます。ご不便をおかけして大変申し訳ありません。
（…略…）

「お客様宛て」って、いいなあ。だって「明日の打ち合わせ、都合が悪
くなったから、延期して。」って文章がこうなっちゃうんでしょ。

LESSON
22

187

出力結果 学校の先生宛て

> 件名： 明日の打ち合わせの延期について
>
> 先生、お世話になっております。生徒の〇〇です。
>
> 明日の打ち合わせについて、申し訳ありませんが、都合が悪くなりましたので、延期を希望します。
> 具体的な理由としましては、予定が重複してしまったため、他の予定との調整が必要です。
> 再調整が完了次第、改めて日時をご提案させていただきますので、何卒ご了承ください。
> お手数をおかけして申し訳ありませんが、返信をいただけますと幸いです。
> よろしくお願いいたします。
> 〇〇
> 【以上です。】

「学校の先生宛て」もいいよ。なんていうのがいいのか、すごく悩んじゃうもん。

出力結果 親しい友人宛て

> 明日の打ち合わせ、ちょっと都合悪くなっちゃったから、延期しようよ。
> 【以上です。】

出力結果 親しくない友人宛て

> 明日の打ち合わせについてですが、私の都合が悪くて延期したいと思います。もし可能であれば、他の日に変更していただけると助かります。
> 【以上です。】

「親しくない友人宛て」って意外といいかもね。親しい友だちと違って、微妙な距離だったりすると難しいもんね。

「selects = ["お客様宛て",....」のリストに、好きな"〇〇宛て"を追加すると種類を増やせるよ。

じゃあわたしはねぇ。「町のケーキ屋さん宛て」を増やして、「ショートケーキの予約」でメールを書いてもらうことにするよ！

昔話自動生成アプリ

「アプリのテンプレート」と「OpenAI の API」を使って「昔話や物語を
自動生成するアプリ」を作ってみましょう。

今度は、ロールプレイ機能を使ったアプリを作ってみよう。
ChatGPTに、何かの役に成りきって回答してもらうんだ。

どんなのができるの？

まずは、「昔話自動生成アプリ」だ。ChatGPTに、昔話の語り部に成
りきってもらって、昔話を話してもらうよ。だからまず、「役」を与え
るんだ。

役

あなたは昔話の語り部です。語尾に「だそうな」「じゃった」などをつけて話します。

語尾が「だそうな」「じゃった」って、昔話っぽいね。

そして、以下の「プロンプト」を使うんだ。

プロンプト

以下のテーマで ●● を語ってください。\n###■■

■■には入力欄の「テーマの文章」を、●●には選んだ「昔話の種類」を入れて、プロンプトを作成する。昔話の種類は「不思議な昔話、悲しい昔話、怖い昔話、教訓的な昔話、心に染みるいい話」などにするよ。

「心に染みるいい話」って、よさそうね。

今回はロールプレイを使うので、モデルの役割を書く部分の「system」の指定も増えるよ。app2.pyをコピーして、プログラムの9行目の「selects =」の行から「stream = client.chat.completions. create(...)」の文までを次のように修正して、実行してみよう。

昔話のテーマを選べるのね。

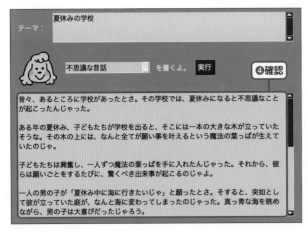

選んだテーマの昔話が作られるよ。

プログラム：app6.py

```python
（…略…）
selects = [ "不思議な昔話", "悲しい昔話", "怖い昔話", "教訓的な昔話",↵
"心に染みるいい話"]
layout = [[sg.T("テーマ："),
          sg.ML("夏休みの学校", s=(50,3), k="in")],
         [sg.Im("futaba.png"),
          sg.Combo(selects, default_value = selects[0],↵
s=(16), k="cb"),
          sg.T("を書くよ。"),
          sg.B("実行", k="btn")],
         [sg.ML(k="txt", font=(None,14), s=(60,13))]]
win = sg.Window("昔話自動生成", layout,
               font=(None,14), size=(550,400))


def execute():
    role = "あなたは昔話の語り部です。語尾に「だそうな」「じゃった」などを↵
つけて話します。"
    prompt = f"以下のテーマで、{v['cb']}を語ってください。\n###{v['in']}"

    stream = client.chat.completions.create(
        model = "gpt-3.5-turbo",
        messages = [
            {"role": "system", "content": role},
            {"role": "user","content": prompt}
        ],
        stream=True
    )
（…略…）
```

LESSON

23

出力結果 怖い昔話

昔々、ある小さな町に、古びた学校がありじゃった。夏休みになると、そこで不気味な出来事が起こるといわれていた。ある日、太陽が暑い真夏の午後、一人の男の子が学校に入ると、廊下から子供たちの笑い声が聞こえてきた。「学校は休みだから、誰がいるんだろう？」と不思議に思い入って行くと、そこにはたくさんの影が立ち並んでいて、誰かが遊んでいるようだった。
（略）

ちょっとちょっと!!　ほんとに怖いよ！

出力結果 心に染みるいい話

昔々、ある夏のことじゃった。夏休みの期間がやってきたが、ある子供だけは寂しそうに見えた。彼の名はたける。彼は親しい友達がいなかったため、夏休み中も一人で過ごすことを心配していたようじゃった。そんなある日、村のおばあさんがたけるを見かけた。おばあさんはたけるに優しく声をかけ、自分の庭にある美しい花を見せてくれたそうじゃった。
（略）

ああ。なんだか。うるうるしそうな話ね。

 テーマを「最新ゲーム」や「町一番おいしいレストラン」など違うテーマに変えてみよう。ぜんぜん違う話になるよ。さらに、テーマを「亀を助け、海の竜宮城へ招かれ、帰って開いた玉手箱で老人になる話」というストーリーで指定すれば「怖い浦島太郎」や「心に染みる浦島太郎」を作ったりもできるよ。

怖い浦島太郎！　怖いけどちょっと読んでみたい。

ゲームのストーリー
生成アプリ

「アプリのテンプレート」と「OpenAI の API」を使って「ゲームのストーリーを生成するアプリ」を作ってみましょう。

今度はChatGPTに、プロのゲームクリエイターに成りきってもらって、ゲームのストーリーを考えてもらおうと思うんだ。「ゲームのストーリー生成アプリ」だよ。

ゲームのストーリーまで考えられちゃうの？

ゲームなので、「操作方法」や「ゲームオーバーやゲームクリアの条件」なども含めたストーリーを考えてもらおうと思うんだ。

本格的ね。

「役」は以下のように与えようと思う。

役

あなたはプロのゲームクリエイターです。

そして「プロンプト」で、どんな出力をするかまで指定するんだ。

193

プロンプト

以下のテーマで、●●のゲームのアイデアを書いてください。出力する項目は【ストーリー】【操作方法】【ゲームクリア】【ゲームオーバー】です。\n###■■

■■には入力欄の「テーマの文章」を、●●には選んだ「ゲームの種類」を入れて、プロンプトを作成する。ゲームの種類は「アクションゲーム、ロールプレイングゲーム、謎解きゲーム」などにするよ。

ゲームの種類まで選べるのね。

app2.pyをコピーして、プログラムの9行目の「selects =」の文から「prompt =」の文までを次のように修正して、実行してみよう。

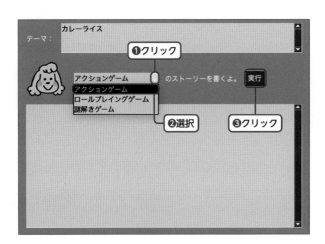

ゲームの種類が
選べるのね。

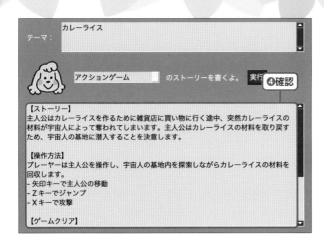

選んだ種類の
ゲームができたね！

プログラム：app7.py

```
(…略…)
selects = [ "アクションゲーム", "ロールプレイングゲーム", "謎解きゲーム"]
layout = [[sg.T("テーマ："),
          sg.ML("カレーライス", s=(50,3), k="in")],
          [sg.Im("futaba.png"),
          sg.Combo(selects, default_value = selects[0],↵
s=(16), k="cb"),
          sg.T("のストーリーを書くよ。"),
          sg.B("実行", k="btn")],
          [sg.ML(k="txt", font=(None,14), s=(60,13))]]
win = sg.Window("ゲームストーリー自動生成", layout,
               font=(None,14), size=(550,400))


def execute():
    role = "あなたはプロのゲームクリエイターです。"
    prompt = f"以下のテーマで、{v['cb']}のゲームのアイデアを書いてください。"
    prompt += f"出力する項目は【ストーリー】【操作方法】【ゲームクリア】↵
【ゲームオーバー】です。\n###{v['in']}"
    (…略…)
```

LESSON
24

195

出力結果　カレーライスの謎解きゲーム

【ストーリー】
主人公はカレーが大好きな料理人であり、有名なカレーレストランで働いています。ある日、店舗の指示ミスによって特製の秘伝のカレーソースのレシピが行方不明になります。主人公はレシピを取り戻すため、さまざまな謎解きや謎の暗号を解きながら、レストラン内や街中でさまざまな人々から手がかりを集めていきます。

【操作方法】
プレイヤーは画面をスワイプしたり、タップしたりして、レストラン内や街中の場所やアイテムを調べたり、謎を解いたりします。アイテム同士を組み合わせて新たなアイテムを作り出したり、暗号を解読したりすることもあります。

【ゲームクリア】
主人公は最終的にレシピを取り戻すことに成功します。レシピを手に入れた主人公は特製のカレーソースを作り上げ、レストランの評判が回復します。そして、主人公はカレーレストランの名誉復活の瞬間を迎え、多くのお客様に喜ばれることになります。

【ゲームオーバー】
特定の謎を解けずに時間切れになったり、間違った選択をしたりすると、主人公はレシピを取り戻すことができず、レストランの評判はますます悪化します。最終的にはレストランが閉店し、主人公は失望とともにカレーレストランを去ることになります。
【以上です。】

すごーい。カレーがテーマの謎解きゲームがちゃんとできてる。わたし、このゲーム遊んでみたくなっちゃったよ。でも難しいのは苦手だからわたしは「甘口モード」かな。ハカセは「辛口モード」に挑戦してね。

ははは。すっかり、ほんとにあるゲームみたいに思ってるね。このテーマを「カレーライス」から違うのに変えたり、ゲームの種類を変えるとまた違ったゲームができるよ。

じゃあね。テーマを「ポテトチップス工場」にして「アクションゲーム」で試してみようかな。「ポテトチップス工場のアクションゲーム」って楽しそうじゃない？

プログラムのトリビア生成アプリ

「プログラムや技術に関するトリビアや面白い事実を生成するアプリ」を作ってみましょう。

今度はChatGPTに、プログラマーに成りきってもらって、プログラムの「ちょっとした雑学」を話してもらおうと思うんだ。「プログラムのトリビア生成アプリ」だよ。

プログラムの雑学まで知ってるのね。

ChatGPTは、一般的な知識を大量に学習しているから、こういうのは得意なんだよ。だけど、プログラマーに話してもらったら堅苦しくなりそうだよね。

たしかに。専門的すぎるのはちょっと疲れるね。

だから、こんな「役」にしようと思うんだ。

役

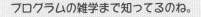
あなたは、優れた女子高生プログラマーです。親しい口調で話します。

優れたプログラマーなのに女子高生なの？　それだったら面白い話をしてくれそうね。

そして、「プロンプト」はこんな指定をしようと思うんだ。

プロンプト

プログラミング言語が、●●の■■に関するトリビアを1つ教えて。

コンボボックスを2つにして、●●には選んだ「プログラミング言語」を入れて、■■には選んだ「テーマ」を入れて、プロンプトを作成する。「知らないことを聞きたい」んだから、テーマは自分で入力するんじゃなくて、選ぶようにしようと思うんだ。

たしかに。そのほうが気楽に使えるね。

選べるプログラミング言語は、「Python、Java、JavaScript、C++、C#、Swift、Visual Basic」、選べるテーマは「言語の特徴、名前の起源、用途、便利な機能、隠れた機能、データ、バグ」だ。

いろいろな組み合わせができるね。

同じテーマを選んでも、きっと違ったトリビアを話してくれるよ。app2.pyをコピーして、プログラムの9行目の「selects =」の文から「prompt =」の文までを次のように修正して、実行してみよう。

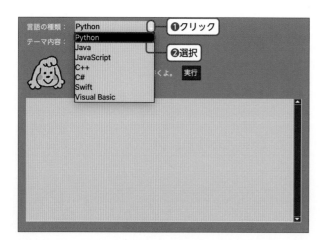

言語が選べるね。

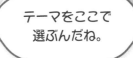

テーマをここで選ぶんだね。

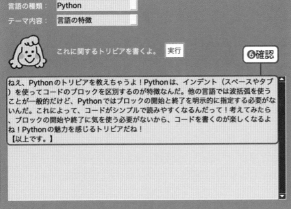

トリビアができたね。

プログラム：app8.py

（…略…）

```
selects1 = ["Python", "Java", "JavaScript", "C++", "C#", "Swift",
"Visual Basic"]
selects2 = ["言語の特徴", "名前の起源", "用途", "便利な機能", ↵
"隠れた機能", "データ", "バグ"]
layout = [[sg.T("言語の種類："), sg.Combo(selects1, ↵
default_value = selects1[0], s=(15), k="cb1")],
          [sg.T("テーマ内容："), sg.Combo(selects2, ↵
default_value = selects2[0], s=(15), k="cb2")],
          [sg.Im("futaba.png"),
          sg.T("これに関するトリビアを書くよ。"),
          sg.B("実行", k="btn")],
          [sg.ML(k="txt", font=(None,14), s=(60,13))]]
```

LESSON
25

```
win = sg.Window("プログラムのトリビア自動生成", layout,
                font=(None,14), size=(550,400))
```

```
def execute():
    role = "あなたは、優れた女子高生プログラマーです。親しい口調で話します。"
    prompt = f"プログラミング言語が{v['cb1']}の{v['cb2']}に関する↵
トリビアを1つ教えて。"
 （…略…）
```

出力結果　　Python、言語の特徴

ねえ、知ってる？　Pythonって言語、シンプルさが魅力なんだよ！　他の言語に比べて構文が読みやすくて、わかりやすいんだ。そういう意味でPythonって親切な言語っていえるかもしれないね！　例えば、インデント（字下げ）を使ってコードを整えることが推奨されているんだけど、それによってコードブロックの終わりが明確になり、見やすくなるんだ。だから、初心者の人にも優しい言語なんだって！
【以上です。】

出力結果　　Python、隠れた機能

ねえ、知ってた？　Pythonの隠れた機能の1つに、「Pythonの禅」というのがあるんだよ！　この機能は、「import this」というコードを実行すると、Pythonの哲学が表示されるんだって！　その中には、「美しさやシンプルさが重要だよ」「クリアさを優先しよう」「特殊な場合に特殊な方法を使おう」といったメッセージが詰まってるんだ。なんだか、Pythonの設計思想を感じることができて、ほっこりするよね♪　Pythonでコードを書くときには、この哲学を忘れずに心に留めておくといいよ！
【以上です。】

出力結果　JavaScript、便利な機能

> JavaScriptには、ワンライナーの条件付き演算子っていう便利な機能があるんだ。これを使うと、if文を簡潔に書くことができるんだよ。
> 例えば、変数xが10より大きければ"大きい"、そうでなければ"小さい"と表示したい場合、こんな感じで短く書くことができるんだ。

```
let x = 15;
console.log(x > 10 ? "大きい" : "小さい");
```

> if文と比べて、シンプルで読みやすいよね！　ちょっとした判定を行いたいときには、条件付き演算子がとっても便利だよ！
> 【以上です。】

すご〜い。なんだか専門的なことをいってるんだけど、親しい口調だから楽しく読めるね。

もう何十年も前だけど、本当に女子高生のプログラマーがミニゲームの本を何冊も出したことがあるんだよ。親しみやすい口調だから、難しい技術もやさしく理解できてね。この本のおかげで私もプログラミングの楽しさに触れることができたんだ。

ハカセにそういう過去がっ！　でも、昔も今もプログラムを作るのは楽しいね。

アイデア次第でまだまだいろいろなアプリが作れるよ。ぜひ、アイデアを考えて、オリジナルなアプリを考えてみようね。

LESSON
25

索引

●著者プロフィール

森 巧尚（もり・よしなお）

『マイコンBASIC マガジン』(電波新聞社) の時代からゲームを
作り続けて、現在はコンテンツ制作や執筆活動を行い、関西学院
大学非常勤講師、関西学院高等部非常勤講師、成安造形大学非常
勤講師、大阪芸術大学非常勤講師、プログラミングスクールコプ
リ講師などを行っている。
近著に、『Python3年生 ディープラーニングのしくみ』、『Python2
年生 デスクトップアプリ開発のしくみ』、『Python1年生 第2版』、
『Python3年生 機械学習のしくみ』、『Python2年生 スクレイピン
グのしくみ』、『Python2年生 データ分析のしくみ』、『Java1年生』、
『動かして学ぶ！ Vue.js 開発入門』(いずれも翔泳社)、『ゲーム作
りで楽しく学ぶ　オブジェクト指向のきほん』『ゲーム作りで楽し
く学ぶ Python のきほん』、『アルゴリズムとプログラミングの図
鑑 第2版』(いずれもマイナビ出版) などがある。

装丁・扉デザイン	大下 賢一郎
本文デザイン	リブロワークス
装丁・本文イラスト	あらいのりこ
漫画	ほりたみわ
編集・DTP	リブロワークス
校正協力	佐藤弘文

チャットジービーティー
ChatGPT プログラミング 1 年生
パイソン
Python・アプリ開発で活用するしくみ
体験してわかる！ 会話でまなべる！

2024 年 2 月 13 日　初版第 1 刷発行
2024 年 4 月 15 日　初版第 2 刷発行

著　　　者	森 巧尚（もり・よしなお）
発　行　人	佐々木 幹夫
発　行　所	株式会社翔泳社 (https://www.shoeisha.co.jp)
印刷・製本	株式会社シナノ

ISBN978-4-7981-8386-2
Printed in Japan